疯狂动物爱群聊

王建艳
张西楠 著
沙棠文创 绘

熬夜群：动物也熬夜

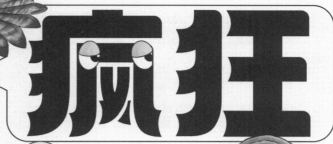

天地出版社 | TIANDI PRESS

图书在版编目（CIP）数据

疯狂动物爱群聊 / 王建艳，张茜楠著；沙棠文创绘. — 成都：天地出版社，2024.4
ISBN 978-7-5455-8061-7

Ⅰ. ①疯… Ⅱ. ①王… ②张… ③沙… Ⅲ. ①动物—儿童读物 Ⅳ. ①Q95-49

中国国家版本馆CIP数据核字（2023）第247624号

FENGKUANG DONGWU AI QUNLIAO
疯狂动物爱群聊

出品人　杨　政
著　者　王建艳　张茜楠
绘　者　沙棠文创
总策划　陈　德
策划编辑　王　倩　刘静静
责任编辑　王　倩　刘静静
美术编辑　周才琳
营销编辑　魏　武
责任校对　杨金原
责任印制　刘　元　葛红梅

出版发行　天地出版社
（成都市锦江区三色路238号　邮政编码：610023）
（北京市方庄芳群园3区3号　邮政编码：100078）
网　址　http://www.tiandiph.com
电子邮箱　tianditg@163.com
经　销　新华文轩出版传媒股份有限公司

印　刷　北京瑞禾彩色印刷有限公司
版　次　2024年4月第1版
印　次　2024年4月第1次印刷
开　本　710mm × 1000mm 1/16
印　张　18
字　数　272千字
定　价　100.00元（全4册）
书　号　ISBN 978-7-5455-8061-7

咨询电话：（028）86361282（总编室）
购书热线：（010）67693207（营销中心）

目录 contents

熬夜群：动物也熬夜

睡什么睡，快起来嗨

不怕冷群：动物的御寒术

冬天有什么了不起的，我们可不怕它

捕手群：动物的捕猎奇招

为了美美吃上一顿，我已用尽了洪荒之力

防守群：动物的防御妙招

没有强甲利刺，遇上强敌怎么办

熬夜群：
动物也熬夜

群公告

睡什么睡，快起来嗨 >

“日出而作，日入而息”是地球上人类和大多数动物的作息习惯。一到晚上，叽叽喳喳的小鸟、吵吵闹闹的鸣蝉、蹦蹦跳跳的小兔子全都不见了，我们也要回去休息、睡觉了。

有些动物，却偏偏喜欢熬夜。天一黑，它们就开始撒欢儿了，有的比谁飞得高，有的比谁游得快，有的比谁看得远，有的翻箱倒柜寻宝，欢天喜地地开起了夜晚狂欢派对。可天一亮，它们有的眨着无神的大眼睛，有的顶着重重的黑眼圈，互相道别，纷纷回去睡觉了。

这类与众不同的动物，我们称它们为“夜行性动物”。

21:45　21%

朋友圈

星鼻鼹

今天一起玩“天黑请闭眼”游戏，猫头鹰居然作弊，
睁一只眼闭一只眼！

1分钟前

♡ 猫头鹰、浣熊

猫头鹰：那蝙蝠还在玩游戏时倒挂着呢。
蝙蝠回复猫头鹰：我是为了更好地思考呀！
星鼻鼹回复猫头鹰：人家倒挂着，眼睛也是闭着的呀。不过，你睁一只眼闭一只眼，为啥还会输呢？好奇怪啊！
猫头鹰回复星鼻鼹：你不知道我是个远视眼吗？我根本看不清近处的东西！
浣熊：哈哈哈，被你们笑死了。天亮了，我先去睡觉了，不然我的黑眼圈会更重的。

夜行动物的小聚会

“我叫**猫头鹰**，是肉食性的鸮形目鸟类。虽然我爱熬夜，但这不影响我拥有一双迷人的大眼睛。我喜欢穿褐色的羽衣，还喜欢到处旅行，地球上除了南极洲，其他地方我可都去过了哟。”

“我叫**星鼻鼹**，是哺乳动物食虫目家族的一员，居住在北美洲东部。我个头较小，通常只有17~20厘米，但我可是精力旺盛的肉食性动物哟，即使是冬天，我也会充满活力地四处寻找食物。”

我叫蝙蝠，是杂食性哺乳动物，属于翼手目。我能像鸟儿一样在天空中自由飞翔，还会表演杂技——倒挂金钩！对了，我的名字在中文里和‘福’谐音，代表着福气哟。
我叫浣熊，虽然我属于食肉目，但我也爱吃水果、昆虫和坚果，是杂食性动物。我也爱熬夜，但熬夜没给我带来大眼睛，只带来了黑眼圈。难道因为猫头鹰是鸟类，我是哺乳动物，结果就这么不同？

猫头鹰

在漆黑的夜晚，视觉比人类灵敏100倍

猫头鹰最特别的地方就是它们的大眼睛。大多数鸟类的眼睛是长在脑袋两侧的，而猫头鹰的眼睛是长在头部正前方的。

猫头鹰的瞳孔很大，视网膜上有非常丰富的视杆细胞，这让猫头鹰更容易分辨光线的明暗，在漆黑的夜晚，它们的视觉比人类要灵敏100倍以上。但猫头鹰的视网膜上没有视锥细胞，导致它们不能分辨颜色，所以猫头鹰是鸟类中少见的“色盲”。另外，猫头鹰的眼睛无法聚焦近处的物体，只能看向远处，是有名的远视动物。

猫头鹰的大眼睛被固定在眼窝中，不能随意转动，因此想要观察不同方向时，只能转动整个脑袋。好在猫头鹰拥有灵活的颈部，它们的颈椎有 14 节，而人类和大多数哺乳动物只有 7 节，再加上内部血管的特殊构造，使得猫头鹰的脖子极为灵活，可以上下、左右、前后旋转达 270 度。

猫头鹰的听觉能力像夜视能力一样出色。猫头鹰的耳朵不对称，大小和位置都不同，通常左耳道比右耳道宽，且左耳拥有发达的耳鼓。为了在夜间准确分辨声音传来的方位，猫头鹰听到声响时的第一反应就是招牌动作“歪头杀”，看起来很呆萌。

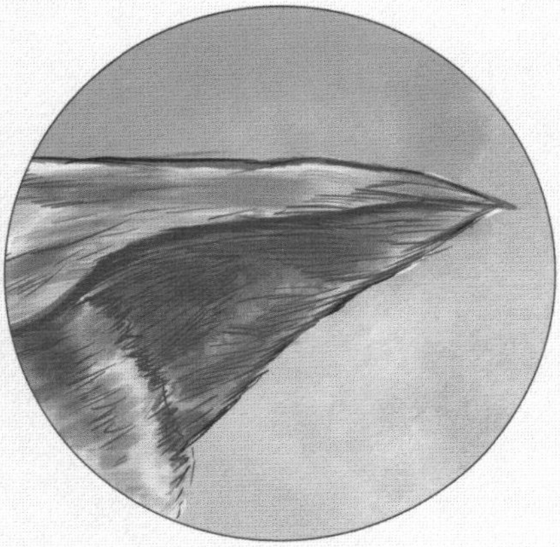

浣熊 自戴黑色“眼罩”，被称为夜行的“蒙面大盗”

浣熊拥有一双堪比灵长类动物的前爪，上面遍布触觉接收器和神经纤维，帮助它们在黑夜中感知和测量食物的大小、质地和温度。前爪最外层由角质层保护，浸泡在水中时，角质层可以软化，从而提高触觉敏感度。所以，浣熊都是爱洗手的乖宝宝，毕竟洗洗更灵敏嘛。

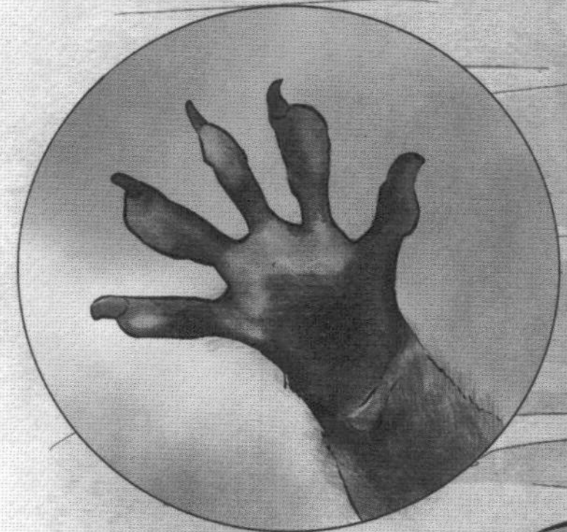

浣熊自戴一副黑色“眼罩”，最喜欢翻垃圾箱，被称为夜行的“蒙面大盗”。浣熊的“眼罩”是白色的脸颊上由黑色毛发围绕眼睛四周形成的眼斑。可不要小瞧这些黑色的眼斑，这种特殊的结构可以减少眩光，从而增强浣熊的夜视能力。

眼罩一戴，谁也不爱，哥是夜里最酷的仔。

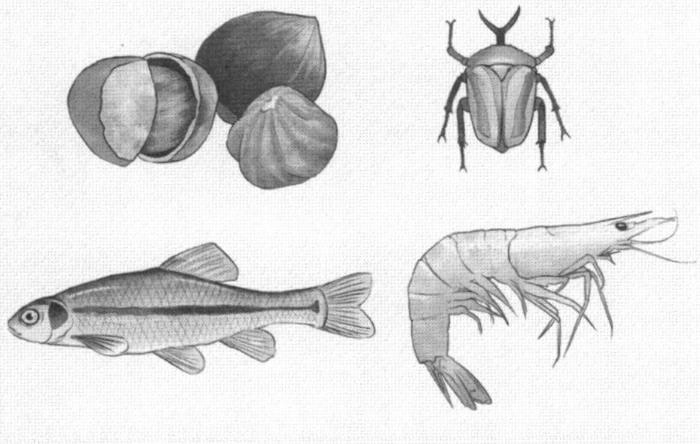

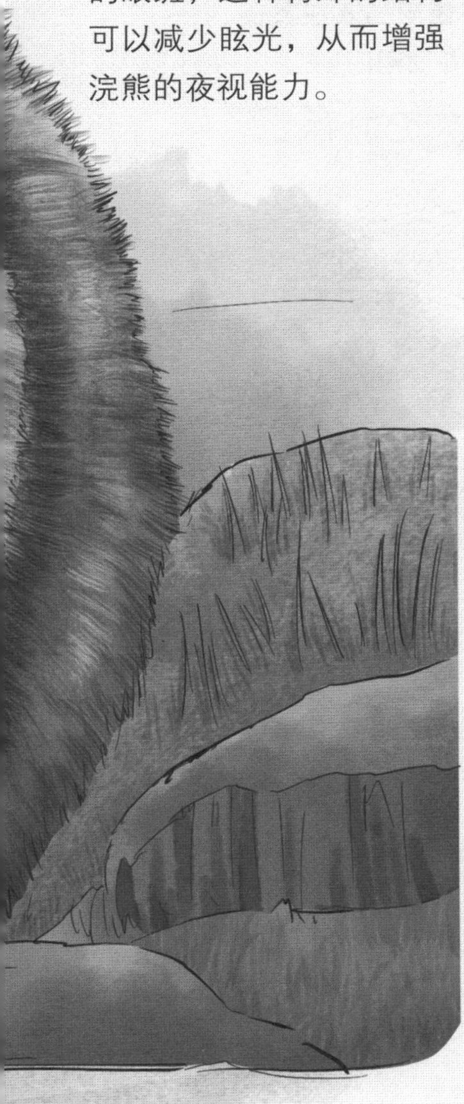

浣熊虽然属于食肉目，但是食性非常广泛，甚至被认为是世界上最不挑食的动物。它们的食谱从植物界跨到动物界，草根、水果、坚果、昆虫、鱼虾、青蛙、乌龟、鸟和鸟蛋、小型哺乳动物，甚至包括人类的垃圾……翻垃圾自然要选择夜深人静的时候啦！

蝙蝠

利用独特的声呐导航系统，在黑夜中自由飞翔

即使没有翅膀，也不能阻挡我在黑夜里自由飞翔！

蝙蝠的种类多到约占全世界哺乳动物的五分之一，也是哺乳动物中唯一可以持续水平飞行的。尽管蝙蝠会飞，但它们却没有翅膀！与鸟类不同，蝙蝠飞行主要靠“手”，它们的手臂、手掌和手指都特别长，支撑起一层薄而坚韧的皮膜。蝙蝠的飞行能力之强，可达到 160 公里 / 小时。

作为会飞的小型哺乳动物，蝙蝠的新陈代谢率极高，还有自动修复受损基因的“超能力”，因此它们可以携带成百上千种病毒，简直就是飞行着的“病毒库”。可怕的是，人类和蝙蝠之间的基因差异小，被病毒作为共同宿主的可能性很大。许多凶险的烈性传染病都是由蝙蝠传播的，所以千万不要捕杀和食用蝙蝠！

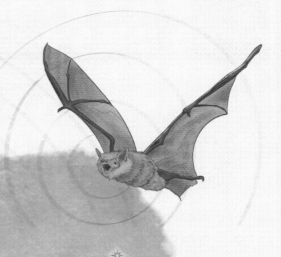

在进化过程中，蝙蝠聪明地避开了陆地和海洋，选择飞上天空，又为了避开与大多数鸟类的竞争，而选择了黑暗的天空。蝙蝠在夜间或十分昏暗的环境中也能够自由飞翔，并准确无误地捕捉食物，是因为它们具有一种独特的声呐导航系统，也叫回声定位。蝙蝠飞行时，可以利用喉部发出 20~60 千赫频率的“叫声”。这种超声波遇到障碍物后就会反射回来，通过蝙蝠的耳朵传送到大脑进行分析，以此准确地判断猎物的位置。

星鼻鼹

鼻子上覆盖着上万个感受器，以便在黑暗中找到食物

有的夜行动物在陆地上活动，有的则常年生活在地下洞穴中，比如世界上长相奇怪的动物之一——星鼻鼹。

我很丑，也很萌，鼻子上这两颗星星可以做证。

星鼻鼹是一种长相奇特的鼹鼠，体形跟仓鼠差不多大，体重跟一个鸡蛋的重量差不多，绝大部分时间生活在阴暗潮湿的地下，靠捕捉小虫为生。最引人注目的是它们的鼻子，鼻子上没有毛，不到2厘米的鼻头上长有22条“触手”，围绕鼻孔形成两颗粉红色的“星星”，丑萌丑萌的，因此得名星鼻鼹。

触手状的肉质附属物可以帮助星鼻鼹在完全黑暗的环境中找到食物，每条“触手”上都覆盖着上千个感受器。整个星状鼻每秒钟可以触碰的地方超过12个，在四分之一秒的超短时间里，就能确定猎物的位置，因此星鼻鼹是世界上捕食速度奇快的哺乳动物。

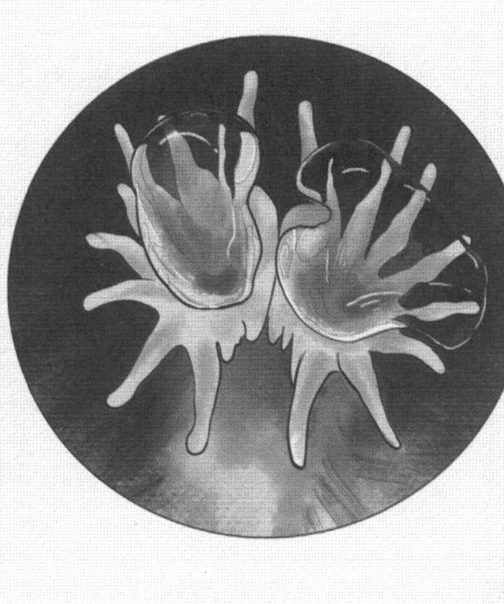

知识卡包

别再冤枉猫头鹰了！

猫头鹰长相奇特、来去无声，在世界许多地方都被当作黑暗和不幸的代表，但其实猫头鹰是为数不多的完全的益鸟。它们是捕鼠能力最强的鸟类，是农业的好帮手，为保护人类的粮食做出了很大贡献。我们可不要再以貌取人，冤枉猫头鹰啦！

蝙蝠为什么爱表演倒挂？

蝙蝠都喜欢倒挂在高处，这可不是因为它们爱出风头或者爱表演杂技，而是因为它们需要休息。倒挂在高处休息，既安全，又方便蝙蝠在下一次飞行时随时下落，获取飞行的初始动力。

小浣熊今天学习了吗？

浣熊经常在树上活动，巢穴也建在树上。但浣熊可不是天生就会爬树的。小浣熊出生后，浣熊妈妈会一遍遍地教它们爬树。小浣熊像人类幼崽学走路一样，经过不断地学习，不断地练习，才能学会爬树这项本领。

星鼻鼹为什么爱当“麻醉师”？

有时候星鼻鼹捉到蚯蚓及一些小昆虫，并不会马上吃掉，而是用唾液里的毒素，把它们麻醉，拖到洞穴里放着。这可不是星鼻鼹有玩麻醉游戏的爱好，主要是它们新陈代谢太快了，刚吃了一大堆东西，马上就又饿了，每天都要花好几个小时觅食。把猎物麻醉后拖进洞，是星鼻鼹在存储备用粮呢。

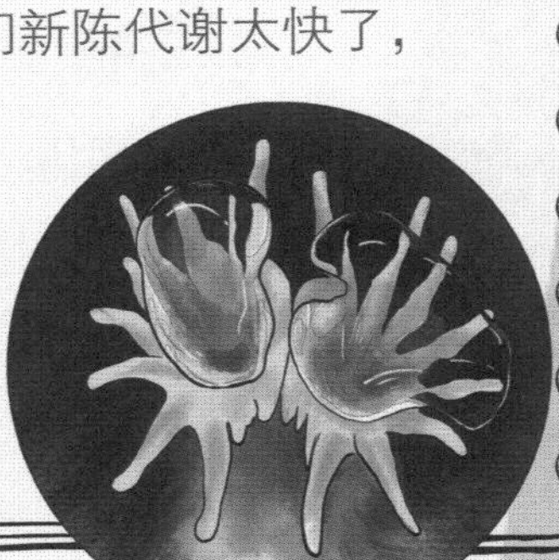

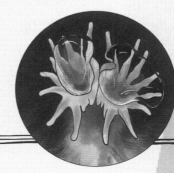

趣味充值

猜一猜

远看像只猫，近看是只鸟。

晚上捉田鼠，天亮睡大觉。

（打一动物）

选一选

选出下面不是鸟类，但会飞的动物（　　）。

A. 猫头鹰

B. 蝙蝠

C. 浣熊

D. 星鼻鼹

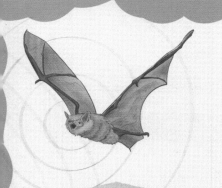

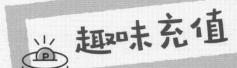

答案 猜一猜：猫头鹰　选一选：B

不怕冷群：动物的御寒术

群公告

冬天有什么了不起的，我们可不怕它

寒冬腊月、数九寒天，对于地球上的大多数生物来说，都是一段难熬的时期，持续的低温让生存繁衍变得十分困难。但有些动物却一点儿也不怕冬天，因为它们早就练就了一身御寒绝技。它们有的用脱水的办法抵御寒冷；有的靠冬眠“假死”，变成冰块，避过寒冬；有的穿上舒适的“羽绒服”，能在雪地愉快玩耍；有的则挖好雪下密道，安然过冬。

19:30 36%

朋友圈

帝企鹅

今天又在冰雪世界愉快玩耍了一天，可累死我了！

1分钟前

♡ 摇蚊、旅鼠、林蛙

摇蚊：有羽绒服穿就是爽啊，不像我，快成“蚊子干儿”了。
林蛙回复摇蚊：你知足吧，我才真的成“干儿”了呢，还是 @ 旅鼠舒服啊，可以待在屋里喝喝茶，吃吃点心。
旅鼠：八仙过海，各显神通，哪有什么好坏之分，咱们几个不像其他动物那样，一到冬天就快活不下去，都很了不起啊！
帝企鹅回复旅鼠：手动为你这番话点 100 个赞！

不怕冷动物的下午茶时间

“我叫**帝企鹅**，也叫皇帝企鹅，大概因为我们帝企鹅是企鹅家族中体形最大的种类。我们身高能达到100~120厘米，和人类小孩的身高差不多。我们生活在终年寒冷的南极，属于企鹅目的鸟类。”

“我叫**林蛙**，是两栖动物纲无尾目大家庭的一员，在欧洲、亚洲及北美洲北部都有分布。我爱吃的东西可多了，既有小昆虫，也有软体动物、甲壳类动物等，属于杂食性动物。”

我叫旅鼠，是哺乳纲啮齿目动物。我们这个种族的小伙伴们除了尾巴，通常全身长 13~18 厘米，爱吃草根、草茎和苔藓等，是植食性动物。
我叫摇蚊，属于双翅目的昆虫。我们摇蚊的寿命通常只有短短的两周，生命短暂，所以我们对生活环境就没有那么挑啦，地球上只要有淡水的地方，就会有我们的足迹。

摇蚊 去除体内多余的水分，是为了在酷寒中更好存活

摇蚊是一种分布广泛、耐受性极强的水生昆虫，摇蚊的成虫在短暂的生命周期里几乎不吃东西，只是偶尔喝一些水或植物的汁液。

当身体里的水分越来越少，我对寒冷的畏惧也越来越小。

在终年寒冷的南极，也有摇蚊的身影。那么，摇蚊要怎么抵抗南极的严寒呢？方法很简单：它们没法在体内产生低温防护剂或抗冻蛋白，于是就简单粗暴地去除体内的水分，这样可以防止体内娇弱的组织结冰，避免被冻坏的风险。

通常昆虫在损失超过20%~30%的水分时，就无法存活，但摇蚊即使脱去体内 70% 的水分也安然无恙。当摇蚊脱水后，它们的新陈代谢就中止了，看起来似乎没有生命迹象，但如果往它们的身体上洒点儿水，身体很快就能恢复柔软。

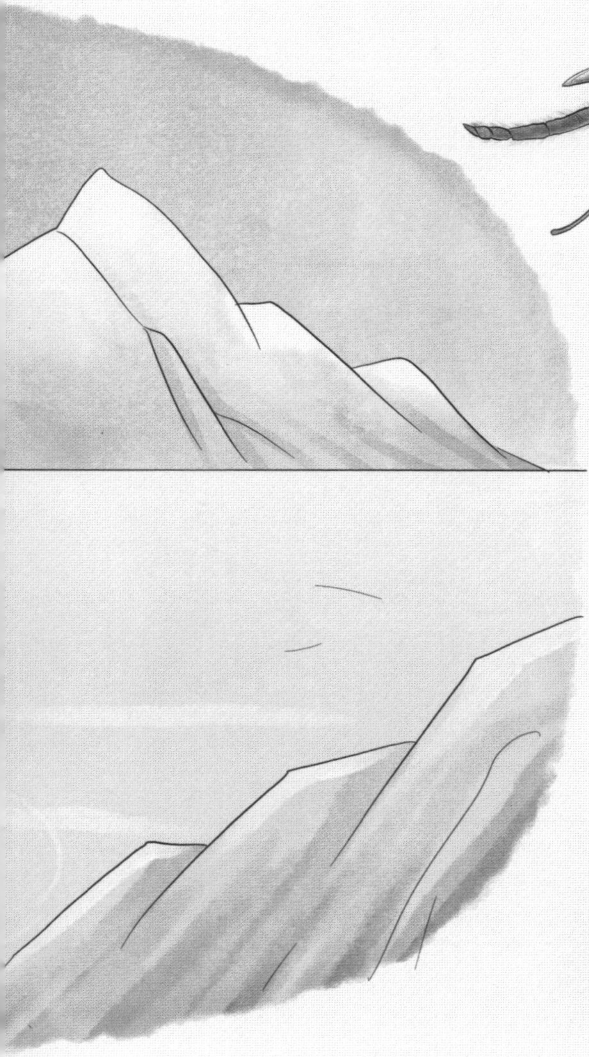

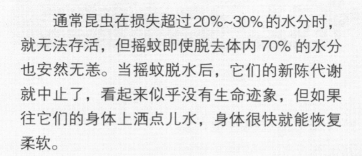

生活在南极的摇蚊会把卵产在冰层中，在外界温度降至 –20℃左右时，冰层中的温度能维持在 0℃左右，这种环境不仅能保护虫卵免受大风侵袭，还能防止它们被冻结。冰层成了虫卵的天然保护屏障。

林蛙 养精蓄锐，化身为冰，以避寒冬

林蛙常年生活在树林里，秋冬季回到河里冬眠，待到早春时节苏醒过来，开始交配产卵。

生活在接近北极圈的林蛙，是极限抗冻选手。它们每年冬眠时间接近8个月，能忍受 -16℃的低温。

林蛙冬眠时，身体的新陈代谢完全“死机”，并停止心跳和呼吸，仿佛“蛙干”一样。而且在极端低温的情况下，林蛙身体里三分之二的水分都会结成冰，但这些冰主要分布在皮下、淋巴这些不致命的地方，大脑和内脏则保持完好。

林蛙的肝脏内储存了大量的肝糖原，可以转化为葡萄糖，作为它们的低温防护剂。除此之外，林蛙体内还有大量的尿素，其作用和葡萄糖类似，脑中的尿素含量最高。

帝企鹅 双层羽毛和“逆流”循环，完美御寒系统

帝企鹅是名副其实的最强王者，一方面因为它们是全世界现存最大的企鹅，也是南极海洋中的顶级掠食者之一；另一方面因为帝企鹅拥有一套完整的御寒系统，无惧南极的酷寒。

首先，帝企鹅有内、外两层羽毛，外面一层为细长的管状，非常紧密厚实，这让它们能够轻松潜入冰冷的海水中；内层的羽毛为纤细的绒毛，同样厚实并紧贴在它们的皮肤上。两层羽毛都是良好的绝缘组织，既能防止冷空气的侵入，又能减少热量的散失。

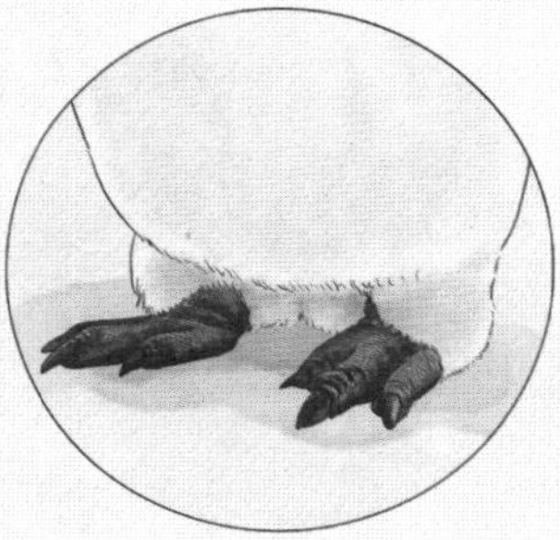

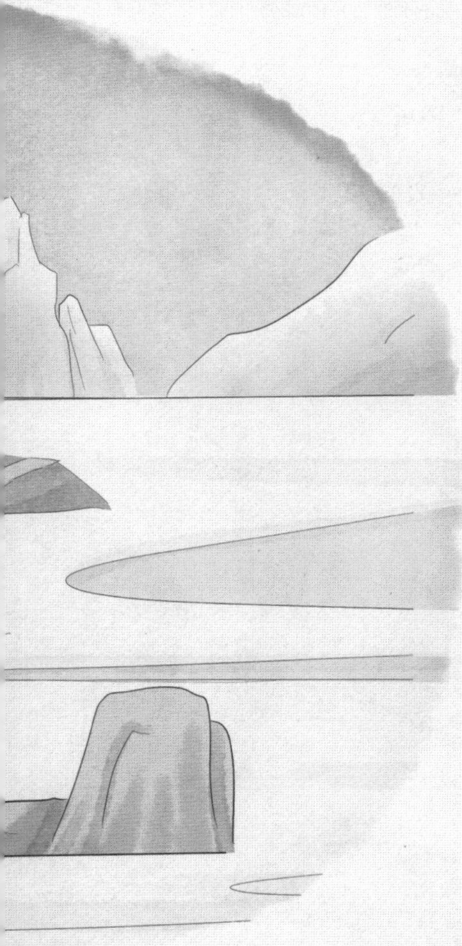

身上的保暖没有问题了，接着要考虑的是其他裸露在外面的部分，特别是始终站在冰雪之上的双脚。聪明的帝企鹅利用了恒温动物共有的一个能力——“逆流热交换”。它们先是将自身的体温尽可能降低，减少与外界的温差；然后它们在血液循环过程中，会将从动脉流出的血液（温度较高）先输入裸露部分的静脉（温度较低）中，然后再进入其他有羽毛包裹的身体部分。此外，帝企鹅在站立时也会把脚掌向后抬起，使脚趾尽量少接触冰雪。

旅鼠 就地取材，雪能带来寒冷，也能抵御寒冷

旅鼠是生活在北极苔原地区的一类身材小、毛茸茸的哺乳动物。在漫长而严酷的冬天，旅鼠大都在雪洞中活动，它们将积雪刨出一个个小屋，里面有休息区、厕所区和筑巢室。

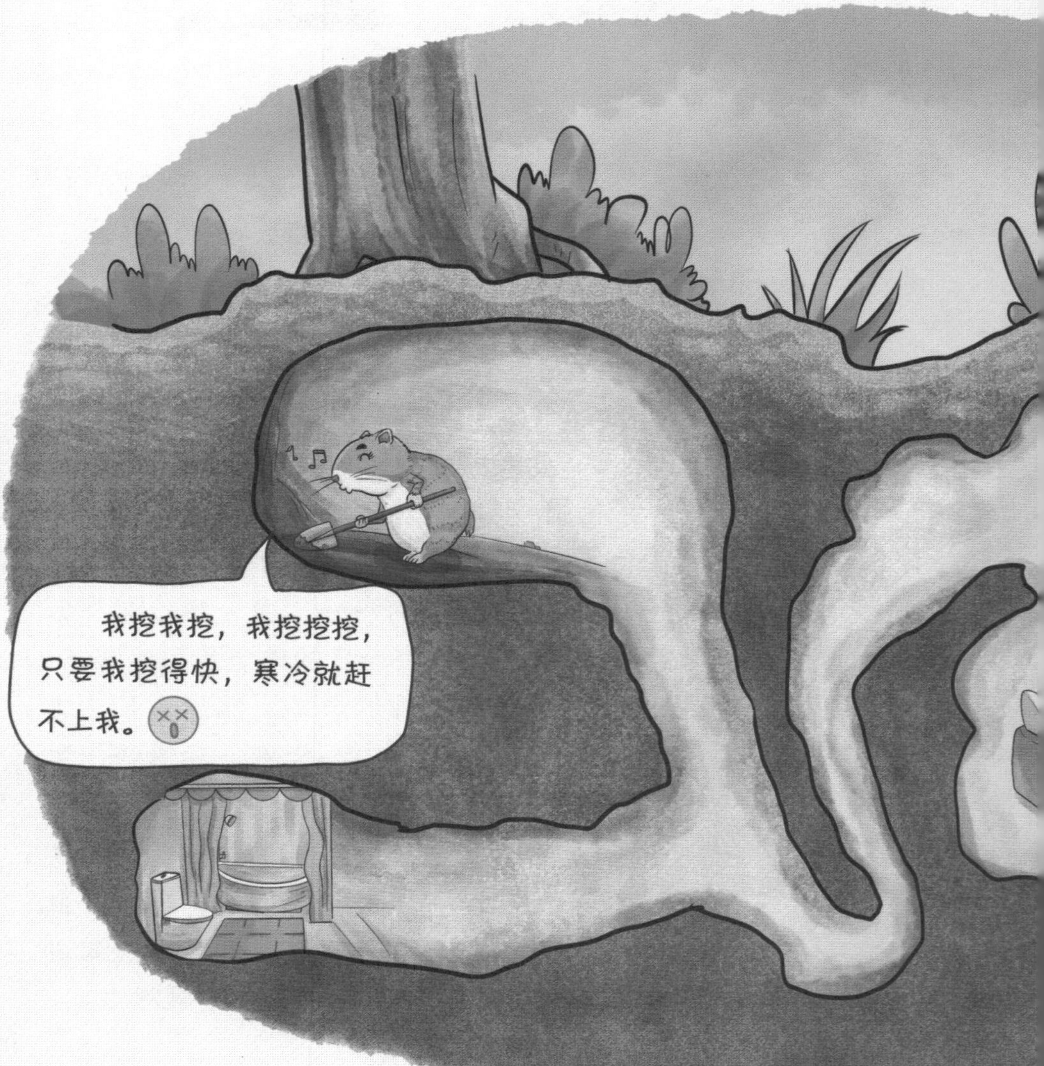

我挖我挖，我挖挖挖，只要我挖得快，寒冷就赶不上我。

雪屋多了就贯通成四通八达的雪下密道，既与寒冷的外界隔绝，又可以保护它们免受捕食者的侵害。旅鼠一边开凿密道，一边取食积雪掩埋的苔藓、地衣、植物的根和球茎等，觅食、御寒两不误。

旅鼠的种群数量波动幅度很大，十分神秘。曾有传闻，当旅鼠到达一定数量时会变得烦躁不安，开始集体迁移，并奔赴悬崖，跳海自杀，但这目前已被辟谣，并非事实。不过旅鼠确实会在种群数量过多时，采取一些应对措施，比如毛色由灰黑变成明显的橘红，以吸引天敌的注意；再比如进行大批量的迁移，这也是旅鼠名字的由来。

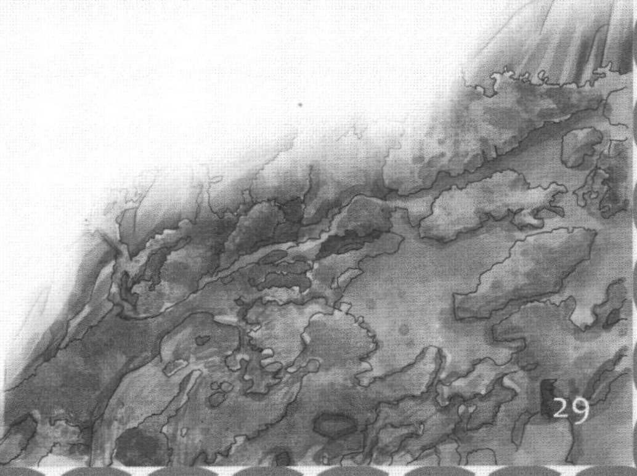

知识卡包

这种“蚊”它可不吸血

一提到“蚊”这个字，很多人的反应是一巴掌拍死，或者赶紧拿驱蚊液喷它，这全都是蚊子吸血惹的祸。

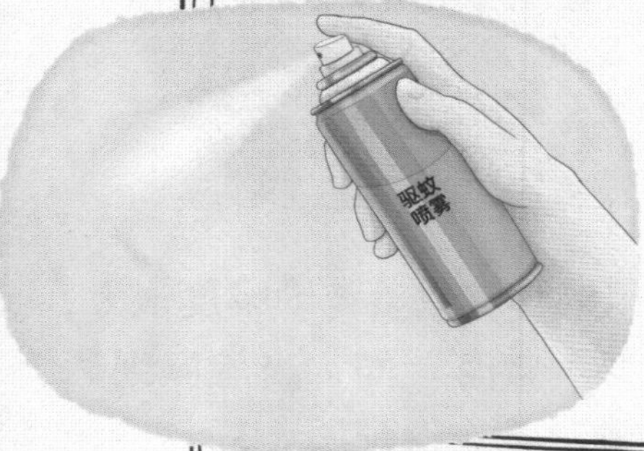

不过有一种蚊子很特殊。虽然它名字里也带了“蚊”，但它们的口器早已退化，并不会吸血咬人，也不会传播疾病。相反，它们大量聚集是水污染加重的警示。这种蚊子就是摇蚊。

蛤蟆油不是蛤蟆的油？

蛤蟆油是一种名贵的中药材，又叫雪蛤、哈什蚂。但蛤蟆油，可不是蛤蟆的油，而是林蛙的卵巢。林蛙的卵巢聚集了繁殖后代所需的营养，滋补能力很强，因此才成为名贵的中药材。

企鹅爸爸当"妈"了!

在生物界，孕育后代通常是由雌性来完成的，而帝企鹅则是由雄性来孵化后代。

帝企鹅每年只繁殖一次，每次只产一枚蛋。企鹅妈妈产完蛋后，就交由企鹅爸爸来孵化并保育。刚出生的小帝企鹅浑身穿着灰色的"羽绒服"，只能防风御寒，但不防水，等它快成年时才会换上全身防水的绒羽。

旅鼠的繁殖力

旅鼠是世界上已知的繁殖力最强的哺乳动物，它们一年能生 7~8 胎，每胎可产 12 只幼崽。而且只需 20 多天，幼崽即可成熟并开始生育。

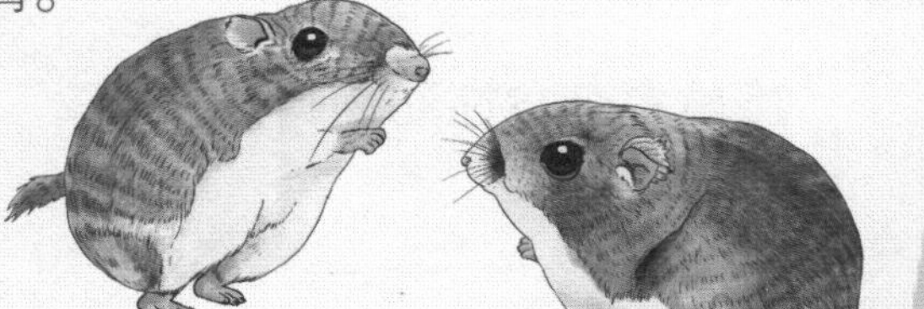

趣味充值

猜一猜

选出属于鸟类的动物（　　）。

A. 旅鼠

B. 帝企鹅

C. 摇蚊

D. 林蛙

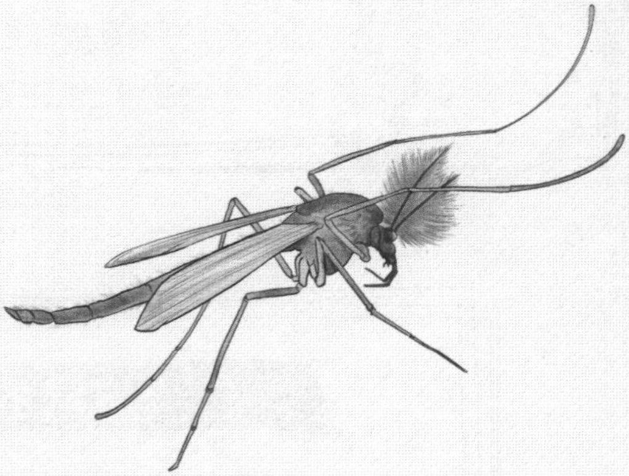

答一答

旅鼠是杂食性动物吗？

答案 猜一猜：B　答一答：不是，是植食性动物

捕手群：动物的捕猎奇招

为了美美吃上一顿，我已用尽了洪荒之力

常言道“民以食为天”，是说人类对食物的重视程度，这句话对地球上的动物们来说也很适用。想要在大自然中生存下来，要做好的第一件事当然就是捕食。为了不饿肚子，动物们可谓“八仙过海，各显神通”。强壮的动物靠速度与力量，智商高的动物靠聪明智慧，不太起眼的动物还能靠“装备”……各种奇特的捕食方式帮助它们填饱肚子，同时也维持着大自然的平衡。

12:00 78%

朋友圈

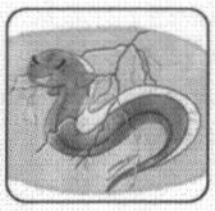

电鳗

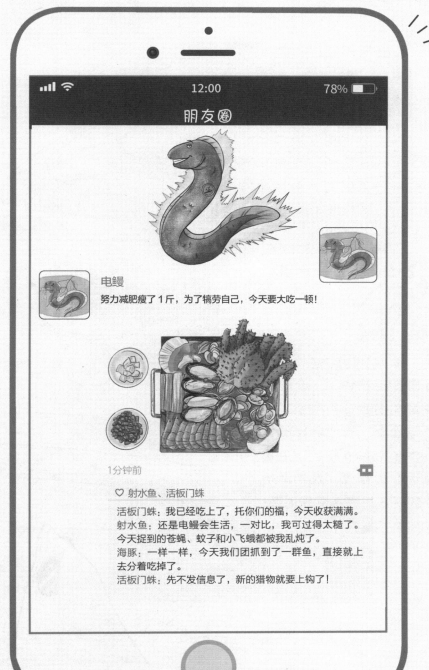

努力减肥瘦了 1 斤，为了犒劳自己，今天要大吃一顿！

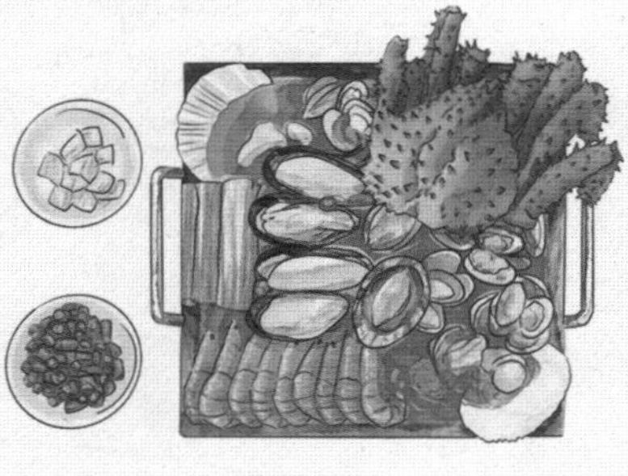

1分钟前

♡ 射水鱼、活板门蛛

活板门蛛：我已经吃上了，托你们的福，今天收获满满。

射水鱼：还是电鳗会生活，一对比，我可过得太糙了。今天捉到的苍蝇、蚊子和小飞蛾都被我乱炖了。

海豚：一样一样，今天我们团抓到了一群鱼，直接就上去分着吃掉了。

活板门蛛：先不发信息了，新的猎物就要上钩了！

动物捕手的泳池派对

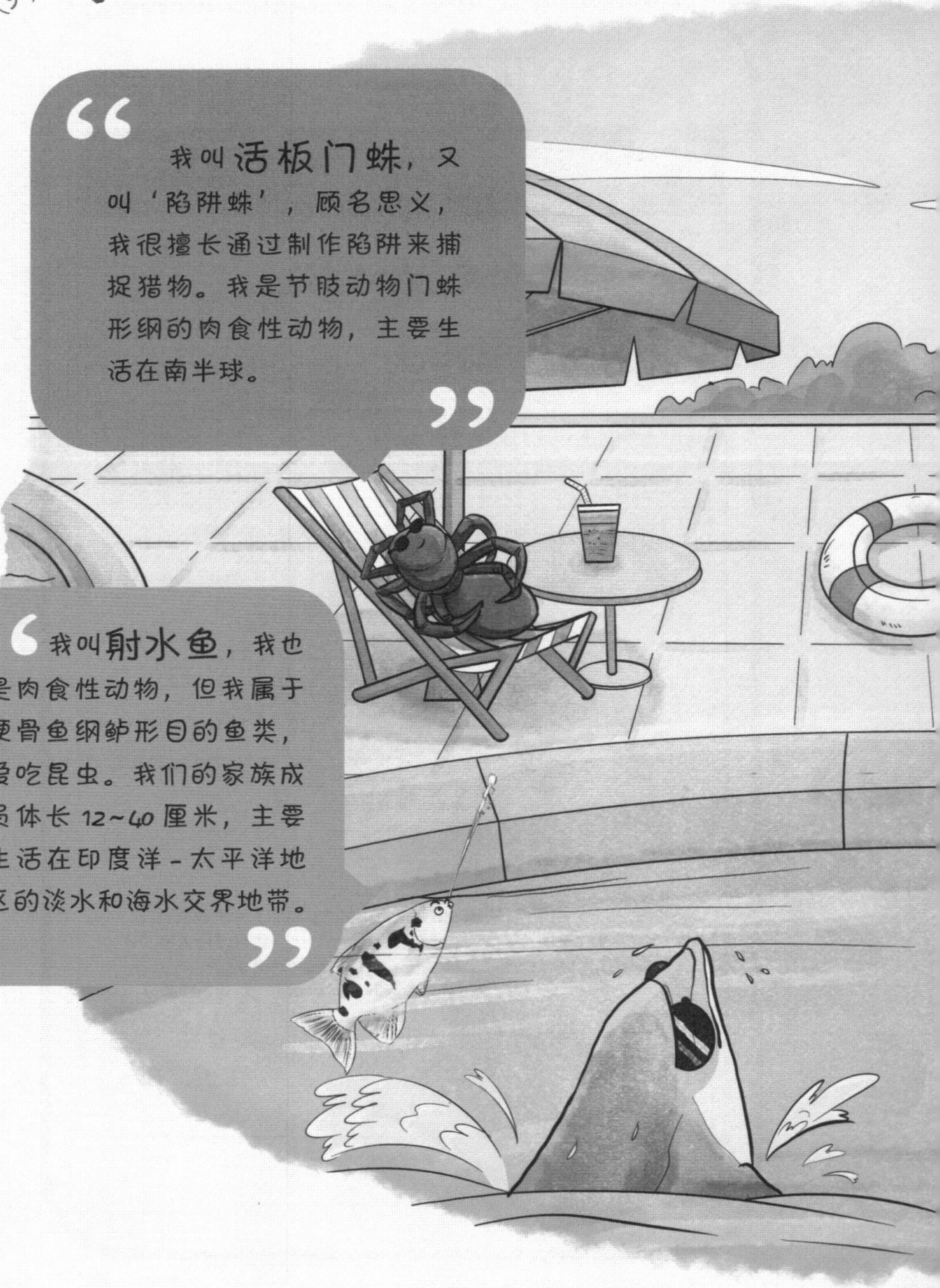

“我叫**活板门蛛**，又叫‘陷阱蛛’，顾名思义，我很擅长通过制作陷阱来捕捉猎物。我是节肢动物门蛛形纲的肉食性动物，主要生活在南半球。”

“我叫**射水鱼**，我也是肉食性动物，但我属于硬骨鱼纲鲈形目的鱼类，爱吃昆虫。我们的家族成员体长 12~40 厘米，主要生活在印度洋－太平洋地区的淡水和海水交界地带。”

“我叫电鳗，和射水鱼一样，也是肉食性鱼类，但我是辐鳍鱼纲电鳗目大家族的一员。我们家族主要生活在从墨西哥南部到阿根廷北部的淡水水域。”
“我叫海豚，别看我的长相很像鱼类，但我其实是哺乳动物，属于哺乳纲偶蹄目的肉食性动物。地球上所有海域都有我们家族的身影，我们通常体长 1~9.5 米。”

活板门蛛

设好陷阱，伪装埋伏，静等猎物自己上门

活板门蛛俗称“陷阱蛛”，属于穴居的中大型蜘蛛。它们全身呈深褐色，螯肢较发达，大多数时间躲在洞穴内，很少在地面上出现。

我轻易是不会离开这个洞的，一旦离开就是一场血雨腥风。

活板门蛛之所以叫这个名字，是因为它们可以利用蛛丝和土壤在洞口建造一个活动式的洞门，洞门上有植被覆盖，伪装得与地表一致。它们藏身洞内，并拉动门下的蛛丝将洞口关闭。

活板门蛛天性胆怯，很少离开自己的洞，它们就通过这个活动式的洞门来捕食。捕食的时候，也是活板门蛛为数不多的出洞时刻。

活板门蛛会在洞穴周围的地上埋几条探测用的蛛丝，蛛丝“感应器”会把震动传到洞穴里，活板门蛛利用震动来辨别是否有猎物，以及猎物到了哪里。当猎物经过洞口时，活板门蛛会立即掀开洞门冲出去，将小虫抓住并拖回洞里吃掉，整个过程十分迅速，可能只有几分之一秒。

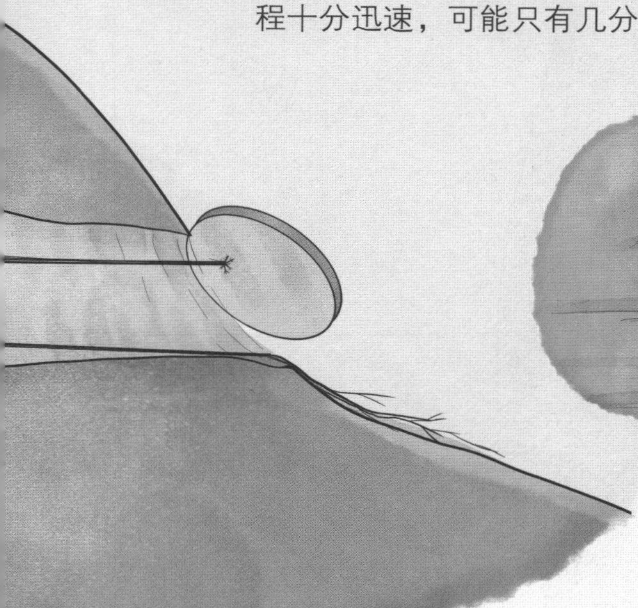

射水鱼 自带“高射炮”，解决食物问题

射水鱼色彩鲜艳，体形优美，性格活泼好动。它们长着一双大眼睛，是生活在水中的神射手。

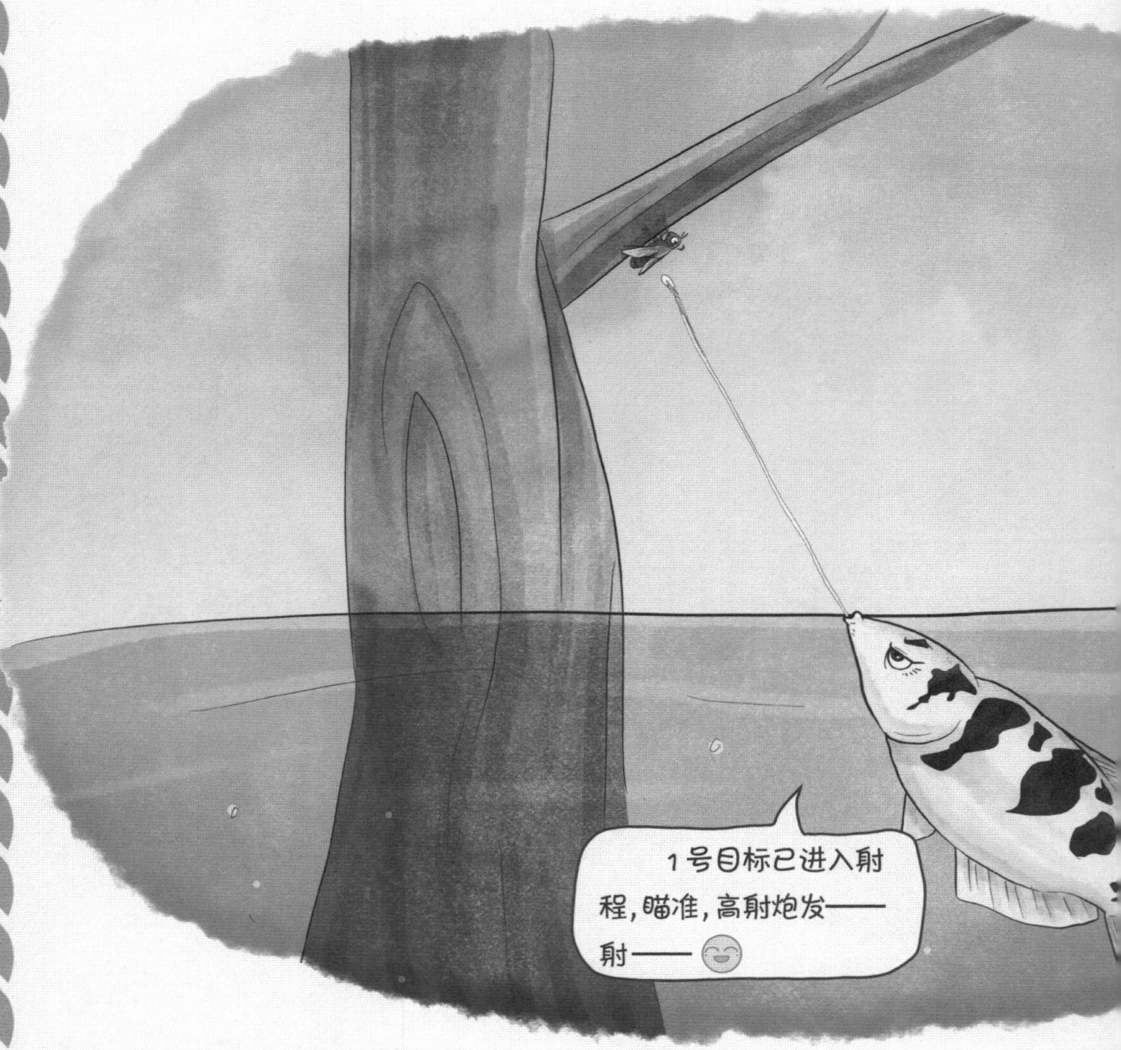

射水鱼以捕食昆虫为生，其他捕食昆虫的鱼，只吃水中的昆虫，而射水鱼却很喜欢吃陆地上的昆虫。它们拥有捕食陆地昆虫的高超技能——用口水做“子弹”，发射“高射炮”。

射水鱼能用舌头顶住口腔上的一个狭窄通道，把口水强有力地喷出去。它们的动作十分灵巧准确，发射的水柱可达两三米，而且命中率极高。

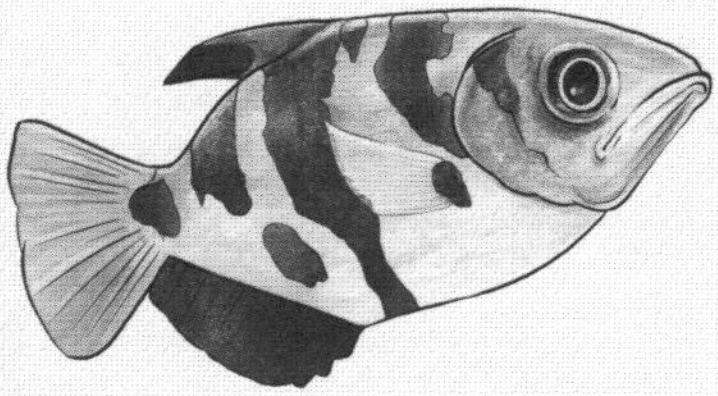

射水鱼的视力非常好，它们在水中游动时，不仅能看到水面的东西，也能察觉空中的物体，此外它们还能校正光线折射产生的偏差。射水鱼的眼睛偏向前方，当猎物靠近岸边时，它们会旋转眼睛，并紧紧盯着水面上空，通过观察调整“口水子弹”发射的角度，以避免发生从水中往上看，物体的位置因为折射而发生偏移的问题。

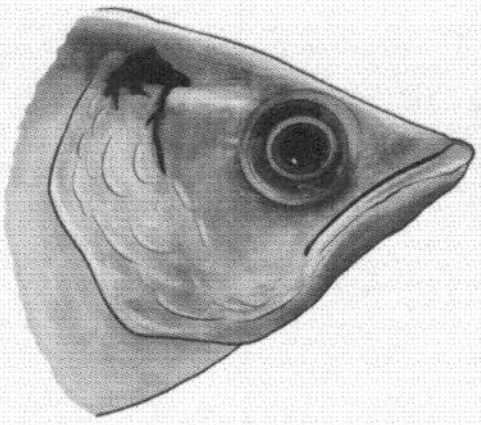

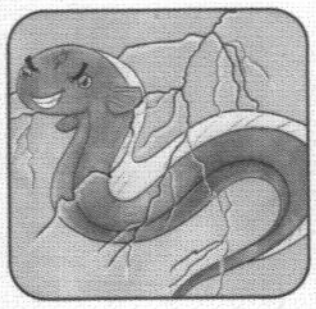

电鳗 自带发电器，电力强大，指路捕食两不误

电鳗身体柔软细长，行动迟缓，游泳只能靠延伸的臀鳍摆动，但它们是拥有最强放电能力的淡水鱼类。美洲电鳗的一项纪录是发电电压高达 800 多伏，可以直接电死一头牛。

电鳗的放电能力来自特化的肌肉组织，它们身体两侧有规则地排列着 6000 ~ 10000 枚肌肉薄片，薄片之间被结缔组织隔开，中间连接着许多神经，一直通到脊髓的中枢神经系统。

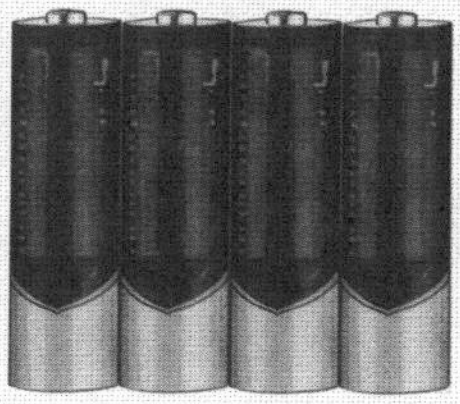

每枚肌肉薄片像一个“小电池”，只能产生 0.15 伏的电压，但近万个“小电池”串联起来，就可以产生很高的电压了。

电鳗能随意放电，自己掌握放电时间和强度，每秒可放电 50 次，放电时的平均电压为几百伏。这种电量足以将它们的天敌或猎物击晕甚至击毙。电鳗白天躲在洞穴中，夜晚出动，它们就是利用这种放电能力来辨认方向、捕捉猎物的。不过电鳗连续放电后，电流会逐渐减弱，需要休息一会儿才能重新恢复放电能力。

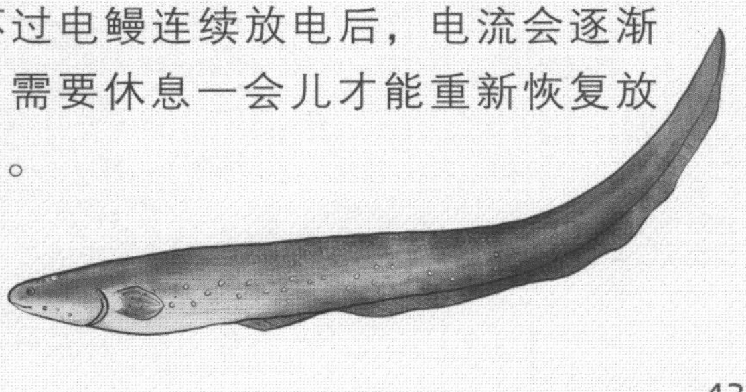

海豚 团队作战，合作互利，智慧捕食

海豚外表可爱，身体矫健，活泼友善，深受人们的喜爱。海豚的智商很高，是地球上高智商的动物之一。海豚还是高度社会化的动物。它们喜欢群居，一群海豚的数量少说也有十几头，在食物非常充裕的水域，数量可达上千头。

成群的海豚最擅长在捕食过程中“排兵布阵”，它们是团队作战的高手。当海豚捕猎时，一头海豚先在浅水区底部游来游去，用尾巴搅动泥沙，并且绕圈使泥沙形成环状。此时另一头海豚会通知附近的海豚，不断缩小包围圈，迫使鱼群游向中间。当鱼无法忍受而跃出水面时，在旁边等待已久的海豚便可以大快朵颐了。

作为高智商族群的一员，即便人类也可以成为我们的合作对象。

海豚不仅自己结群捕食，还与海鸟、海豹、金枪鱼等动物合作，将鱼群从深海逼至海面，再冲进鱼群捕食。有些海豚甚至会跟人类合作，将鱼群驱赶到在海边等待拉网的渔民那里，然后分一杯羹。

知识卡包

世界上最长寿的蜘蛛

活板门蛛是目前已知世界上最长寿的蜘蛛，澳大利亚西部的一只活板门蛛活到了43岁，创造了世界纪录。活板门蛛之所以长寿，与它们不爱动的生活方式、较低的新陈代谢，以及生活在原始丛林中，没有太多天敌威胁都有很大关系。

射水鱼是天生的神射手吗？

科学家发现射水鱼的射击能力并不是天生的，而是通过后天练习获得的。射水鱼长到大约2.5厘米长时，便开始练习射击。一开始射水鱼射得并不准确，它们不断地从失败的经历中总结经验教训，最终掌握规律，这才练就“百发百中”的本领。

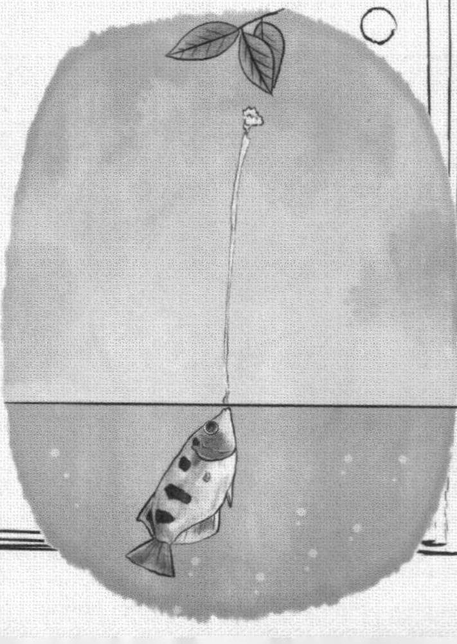

电鳗会电到自己吗？

当然不会啦！电鳗的“放电器”在身体两侧，当电鳗放电时，它们就像一个水中的大电池，头部为负极，尾巴为正极，身体和重要的器官由绝缘物质包裹，它们身体的电阻大于水，电流以水为导体向四周扩散，却不会伤到自己。

“海豚音”到底是什么？

著名的“海豚音”其实是海豚发出的超声波，用于回声定位。海豚通过喷水孔中的瓣膜调节气流大小，发出“咔嗒咔嗒”的声音。根据回声海豚可以发现百米以外几厘米大小的物体，比现代的声呐设备还灵敏。

趣味充值

猜一猜

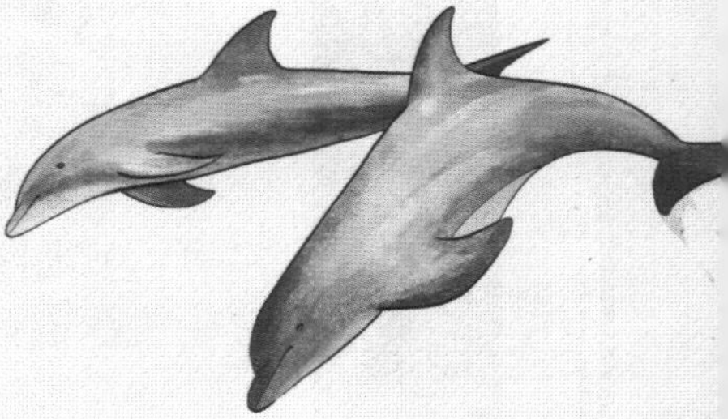

尖嘴胖身子，头顶露鼻子。

家住海洋不是鱼，聪敏灵巧会捕鱼。

（打一动物）

选一选

选出属于鱼类的动物（　　）。

A. 海豚

B. 射水鱼

C. 活板门蛛

D. 猩猩

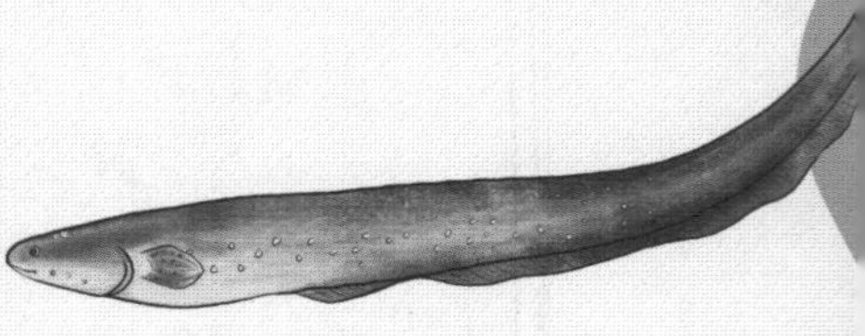

答案 猜一猜：海豚 选一选：B

防守君群：

动物的防御妙招

群公告

没有强甲利刺，遇上强敌怎么办

动物世界充斥着各种残酷的竞争、厮杀。它们遭遇跑不掉又打不过敌人的时刻，只能做好防御，求得一线生机。然而，并不是所有动物都拥有坚硬的外壳或布满尖刺的身体，那些没有“尖端防御装备”，看似有些弱小的动物，要怎样躲过敌人的攻击呢？别急，它们自有妙计，不信一起来看看拳击蟹、飞鱼、角蜥和凤蝶幼虫的防御妙招吧。

9:44 90%

朋友圈

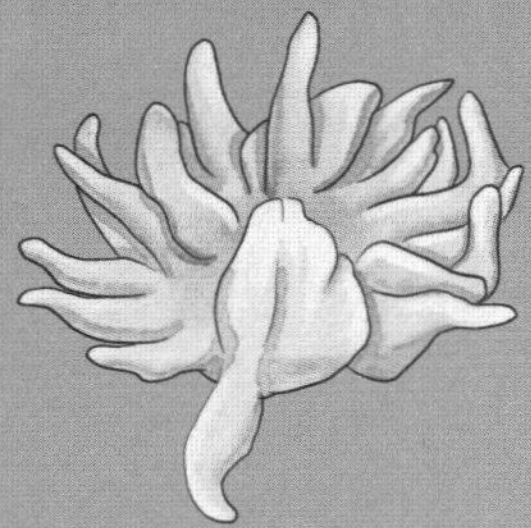

拳击蟹

啧，我的拳击手套也不比龟壳、豪猪刺弱呀，我怎么没上榜？！

［链接］防御力大 PK，看看谁是小“坦克”！

大自然盟友会

1分钟前

♡ 飞鱼、角蜥

凤蝶幼虫：就是，让它们都来试试我的“生化武器”，就知道谁厉害了！

角蜥回复凤蝶幼虫：千万别放你的臭气啊，不然我要喷血了！

凤蝶幼虫回复角蜥：放心，我只会对敌人亮出我的“蛇信子”。

飞鱼：就是，太不公平了，我的“飞遁术”才应该上榜！

(9) 防御有妙招动物的见面会

“你的能量超乎你想象”咖啡
“我叫飞鱼，是杂食性动物，属于辐鳍鱼纲颌针目。我的体长约45厘米，主要生活在热带及亚热带的海域中。”
“我叫凤蝶，属于昆虫纲鳞翅目的植食性动物家族，通常体长约45毫米。虽然现在我的长相讨人喜欢，但我小时候很丑，并且爱放臭气。”

我叫拳击蟹，我是属于节肢动物门软甲纲的杂食性动物，通常体长2~5厘米，主要生活在从东南亚到澳大利亚的珊瑚礁浅水海域，最好的朋友是海葵。
我叫角蜥，是爬行纲有鳞目大家族的一员。我属于肉食性动物，体长7.5~12.5厘米，主要生活在北美洲地区。

拳击蟹 借助海葵，合作共赢，解锁防御新姿势

拳击蟹的学名是细螯蟹，主要生活在坚硬的珊瑚礁附近。拳击蟹是一种小型螃蟹，通常只有2~5 厘米，橙色的身体上有一些黑褐色的斑纹。

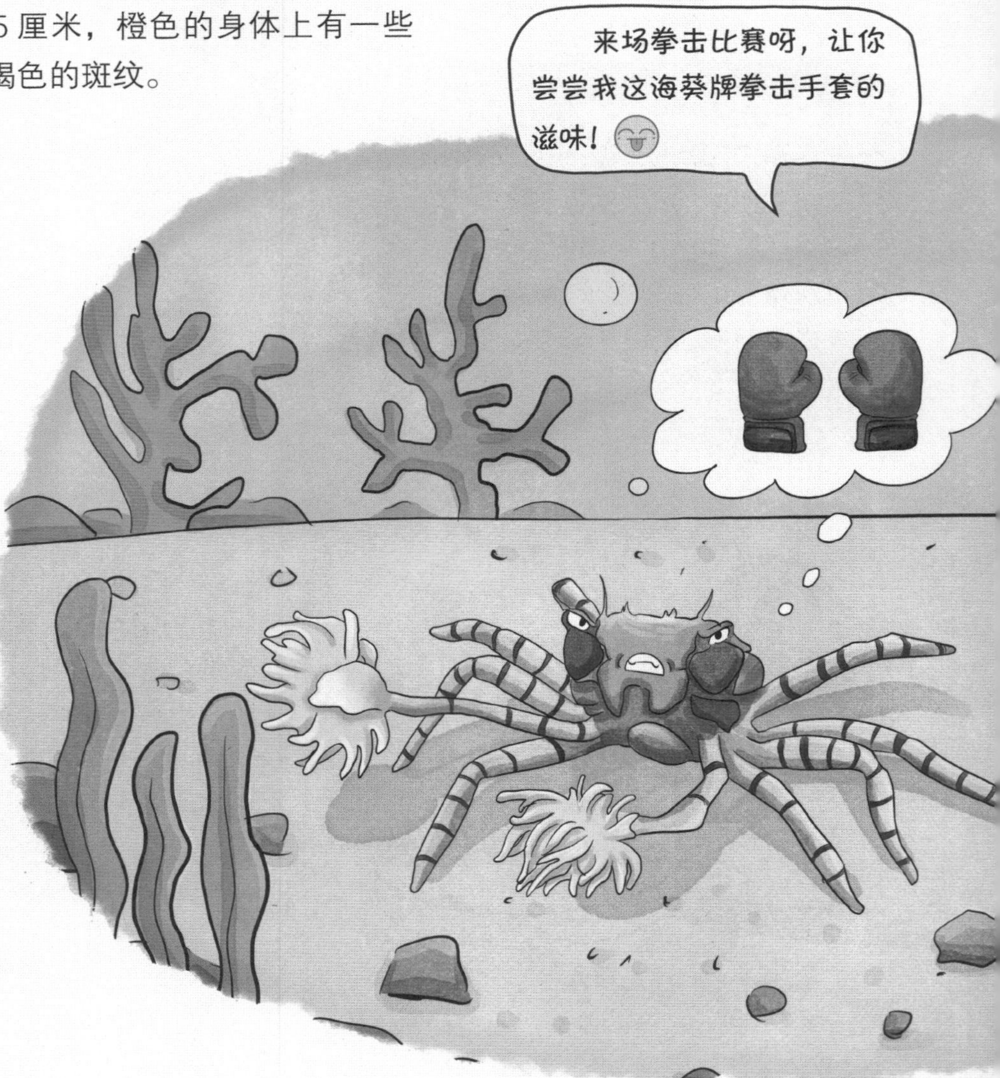

来场拳击比赛呀，让你尝尝我这海葵牌拳击手套的滋味！

螃蟹通常都有一对大螯足，像钳子一样作为保护自己的武器。但拳击蟹的螯足并不发达，又细又软。面对这种情况，聪明的拳击蟹学会了利用海葵作为武器。拳击蟹的螯足虽然纤细软弱，但上面有个弯钩，可以伸到海葵的身体里牢牢将其抓住。海葵含有毒性，当拳击蟹挥舞抓着海葵的螯足时，就相当于挥舞着有毒的“拳击手套”，可以用来击退敌人。

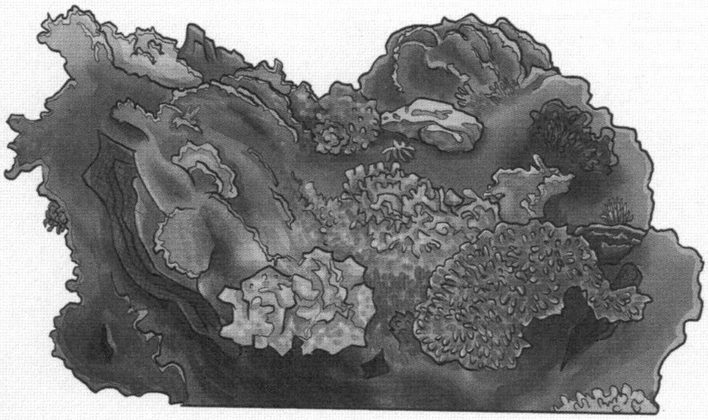

海葵的毒素无法穿过拳击蟹的坚硬外壳，所以伤害不了它。在自然条件下，拳击蟹是不会轻易放开钳子上的海葵的。只有当拳击蟹快蜕皮时，为了防止被海葵刺伤，它们才会放下“拳击手套”，等到新外壳变得坚硬后，又会去抓新的海葵。而对于海葵来讲，能够被拳击蟹举着到处跑，可以接触到更多的食物。它们的合作实现了“双赢”。

飞鱼 跃出水面，“S”形滑翔，另类防御

飞鱼体态修长，稍稍侧扁，长着“樱桃小口”和大眼睛。飞鱼之所以叫这个名字，是因为它的胸鳍十分发达，像鸟的翅膀。这使得飞鱼能够轻松跃出水面，并在空中滑翔，看起来就像会飞的鱼。

飞鱼并不是真的会飞，而是依靠胸鳍的震动进行滑翔。它们的滑翔能力很强，能够以大约 15 米 / 秒的速度滑翔，最长能在空中停留40多秒，滑翔距离 400 多米。

飞鱼经常在夜间滑翔，可以跃出海面6米以上的高度，足以跳上海上行驶的船只，所以船员们有时会在黎明的甲板上发现坠落的飞鱼。

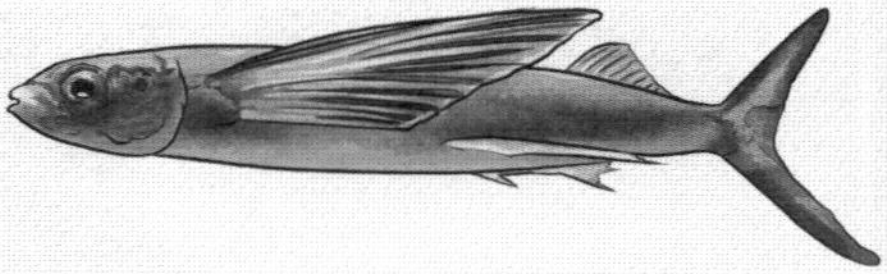

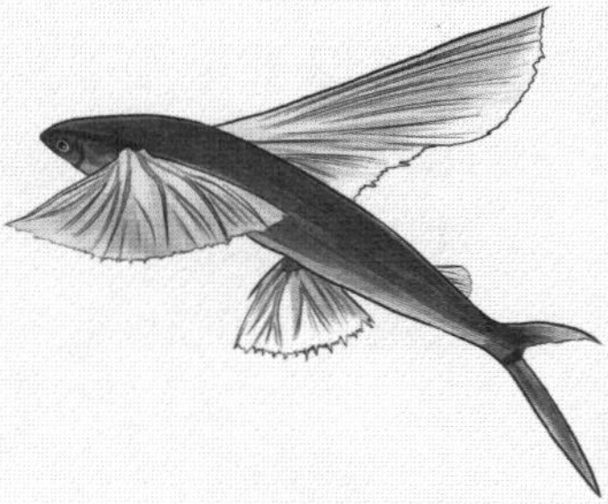

一般情况下，飞鱼并不轻易跃出水面，只有当受到惊吓时，它们才会迅速摆动尾部作为助推，然后跃出水面，张开胸鳍作为“翅膀”在空中滑翔，以躲避掠食者的追捕。飞鱼跃出水面以后，尾鳍依然会左右摆动，因此在空中呈现“S”形的路线。飞鱼是群居性的鱼类，当它们成群跃出水面时，场面十分壮观有趣。

角蜥 装死、变肿、喷血，防御三步走

角蜥的头上有“犄角”，身后有尾巴，体态宽而扁平，浑身披着尖尖的短棘。虽然角蜥的外表长得怪异，但是它们行动迟缓、性格温和。为了在争斗激烈的大自然中存活，角蜥形成了自己独特的生存方式。

角蜥的体色和它们所生活的沙地的颜色相似，棘刺状的鳞片也形似干旱地区的低矮灌木，因此外形成了天然的伪装。它们经常潜入沙地中，小心观察四周的状况，同时也能伺机捕食昆虫。

就咱这演技，世界欠我一座奥斯卡奖杯……

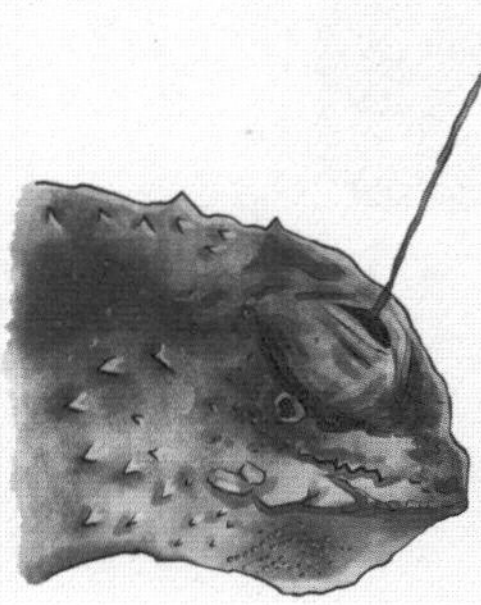

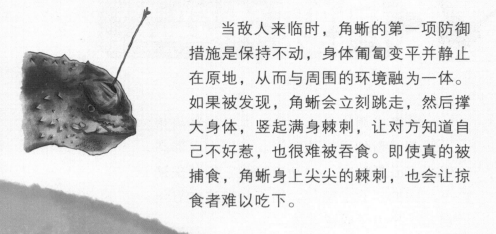

当敌人来临时，角蜥的第一项防御措施是保持不动，身体匍匐变平并静止在原地，从而与周围的环境融为一体。如果被发现，角蜥会立刻跳走，然后撑大身体，竖起满身棘刺，让对方知道自己不好惹，也很难被吞食。即使真的被捕食，角蜥身上尖尖的棘刺，也会让掠食者难以吃下。

如果情况极度危险，甚至关系到生死存亡，角蜥就会施展出它们的终极防御大招——眼角喷血，喷射的距离可超过 1.5 米。敌人通常会被迎面喷来的鲜血吓得惊慌失措，角蜥就可以趁机逃之夭夭了。但是这种防御方式消耗大，需要增加血压使眼睑周围的微小血管破裂，因此它们平时很少使用。

凤蝶 又丑又臭的幼年，换来如今的优雅

除南极洲的各个大陆，尤其是在热带地区都能看到凤蝶的身影。它们大多形态优美、五彩斑斓，但幼虫阶段它们却是毫不起眼的“丑小鸭”。幼年凤蝶这样丑化自己，是为了躲避天敌。

幼虫阶段的凤蝶体表光滑无毛，某些位置长有疣状凸起。常见的几种凤蝶，如玉带凤蝶、柑橘凤蝶和碧凤蝶，它们的幼虫在低龄期（1~4 龄）会模拟鸟粪的形态，以白色为底色，上面遍布一块块褐色的斑，体表的疣突甚至能把鸟粪的质感很好地展现出来，以此达到掩人耳目、躲避天敌的目的。

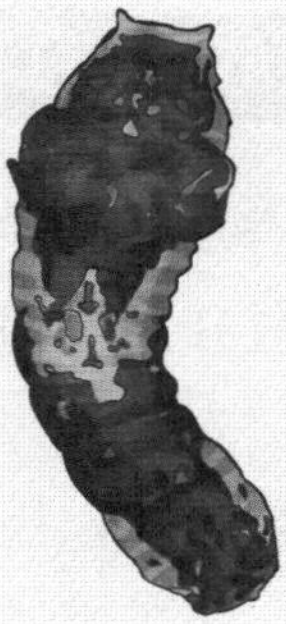

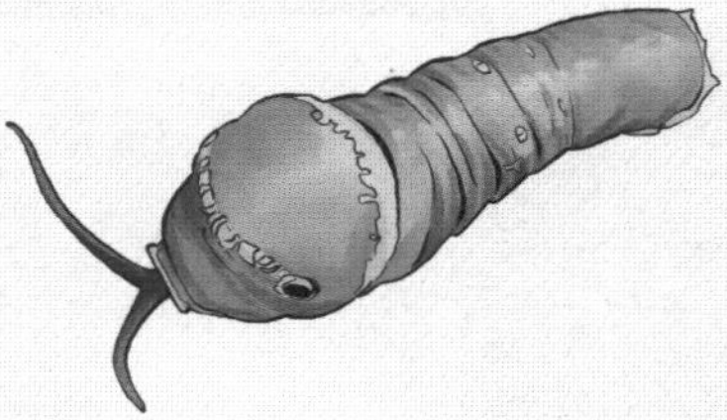

“鸟粪阶段”的幼虫经过四次蜕皮后进入末龄期，颜色从黑白色变成黄绿色，身上的疣突也消失了。这时候它们又有了新的抵御天敌的手段。

这时的幼虫头后有两个假眼，胸前藏有可以外翻的臭腺，幼虫受惊时会翻出臭腺，并释放刺激难闻的气味驱敌。臭腺颜色鲜艳，呈叉状，外翻时很像蛇在“吐信子”，这个动作也有助于吓走敌人。

知识卡包

拳击蟹怎么拥有成对的“拳击手套”？

拳击蟹仅有一只“拳击手套”会很不方便，于是拳击蟹会撕扯海葵的身体，将其一分为二，把一只“大手套”变成两只“小手套”。撕扯的过程比较漫长，技术娴熟的拳击蟹要花一两个小时，而稍微笨拙的拳击蟹可能要耗费几天时间。同样地，一只海葵都没有的拳击蟹，也会用撕扯的方式，从别的拳击蟹手上抢夺海葵，而且通常都能成功。

古老的飞鱼化石

古老的飞鱼化石发现于我国贵州省，所处时代可追溯到约 2.4 亿年前的三叠纪，跟恐龙出现的时间差不多。古老化石中的飞鱼身体结构与现代飞鱼很相似，拥有不对称的分叉尾鳍，以及一对较大的胸鳍和一对较小的腹鳍。

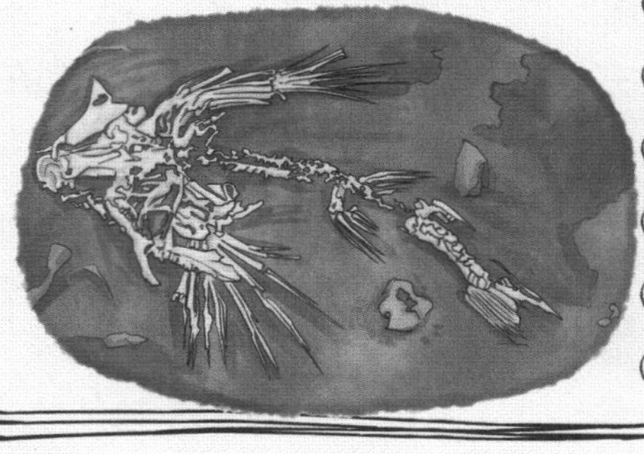

为了补水，角蜥甚至会……

角蜥生活在干旱、半干旱的环境中，需要充分利用各种机会获取水分。角蜥以蚂蚁等昆虫为食，大部分水分从食物中获取。但外部水分的获得也很重要，因此角蜥会在下雨时收集雨水。它们会将尾巴高高抬起，形成一个倾斜的表面，雨水落在背上便可沿着背脊的斜坡流到它们的头部并被吸入口中。

世界蝴蝶之最

凤蝶后翅通常有修长的尾突，所以经常被叫作燕尾蝶。世界上最大的蝴蝶——亚历山大鸟翼凤蝶也是凤蝶的一种。它们只生活在新几内亚东部，雌性的亚历山大鸟翼凤蝶翅膀展开可以达31厘米。

趣味充值

选一选

下列哪种动物靠喷血作为防御技能，请把相应序号填在括号里（　　）。

A. 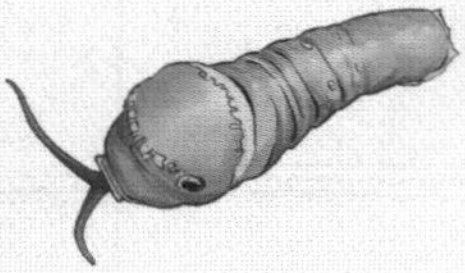

B. 

C. 

D. 

答案 B

疯狂动物爱群聊

王建艳
张茜楠 著
沙棠文创 绘

吃货群：动物也是大吃货

天地出版社 | TIANDI PRESS

图书在版编目（CIP）数据

疯狂动物爱群聊 / 王建艳，张茜楠著；沙棠文创绘. — 成都：天地出版社，2024.4
ISBN 978-7-5455-8061-7

Ⅰ. ①疯… Ⅱ. ①王… ②张… ③沙… Ⅲ. ①动物—儿童读物 Ⅳ. ①Q95-49

中国国家版本馆CIP数据核字（2023）第247624号

FENGKUANG DONGWU AI QUNLIAO
疯狂动物爱群聊

出 品 人　杨　政
著　　者　王建艳　张茜楠
绘　　者　沙棠文创
总 策 划　陈　德
策划编辑　王　倩　刘静静
责任编辑　王　倩　刘静静
美术编辑　周才琳
营销编辑　魏　武
责任校对　杨金原
责任印制　刘　元　葛红梅

出版发行　天地出版社
（成都市锦江区三色路238号　邮政编码：610023）
（北京市方庄芳群园3区3号　邮政编码：100078）
网　　址　http://www.tiandiph.com
电子邮箱　tianditg@163.com
经　　销　新华文轩出版传媒股份有限公司

印　　刷　北京瑞禾彩色印刷有限公司
版　　次　2024年4月第1版
印　　次　2024年4月第1次印刷
开　　本　710mm × 1000mm 1/16
印　　张　18
字　　数　272千字
定　　价　100.00元（全4册）
书　　号　ISBN 978-7-5455-8061-7

咨询电话：（028）86361282（总编室）
购书热线：（010）67693207（营销中心）

目录 contents

吃货群：动物也是大吃货

论吃货的自我修养

牙齿群：动物牙齿有个性

牙齿白白，吃嘛嘛香

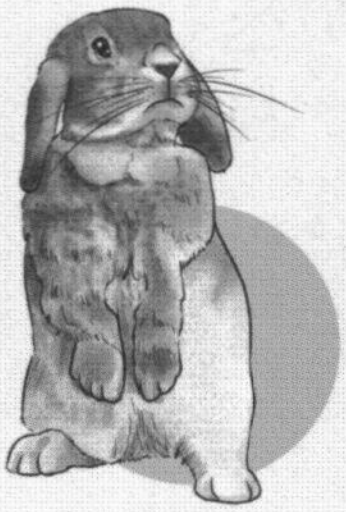

屎尿屁群：动物也有三急

生活离不开屎尿屁

瞌睡群：睡这么香，喂喂喂，你流哈喇子了

想要活得久，还得睡得巧

吃货群：动物也是大吃货

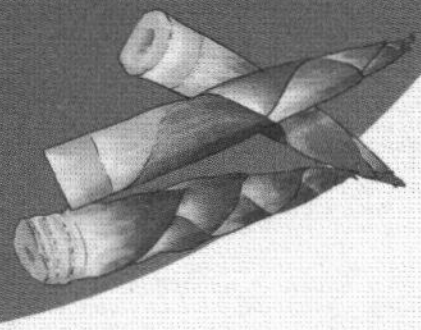

论吃货的自我修养

民以食为天。对于任何动物来讲，吃饱肚子都是第一重要的事情。尤其是能量消耗大的动物，更需要通过吃吃吃来补充能量，属于妥妥的大吃货。但吃货和吃货也是有区别的，由于食性、消化器官形状和构造的不同，动物进化出了各种各样的摄食行为和饮食习惯。比如，大熊猫几乎一天到晚都抱着食物不放；黄牛会把吞进去的食物再吐出来咀嚼；金刚鹦鹉爱吃土；而大鲵则动不动就绝食。

21:45 21%

朋友圈

大熊猫

洗洗睡了。唉，这一天吃了 20 个小时的竹子，上了无数次厕所，有点儿累。

1分钟前

♡ 金刚鹦鹉、大鲵

黄牛：学学我们，赶紧填饱肚子，闲着的时候再慢慢咀嚼不好吗？

大熊猫回复黄牛：我也想啊，但我没有你那样的技能。

金刚鹦鹉：吃土吃土，排毒养颜，质优价廉。本人长期代购优质营养土，详情可私信联系。

大熊猫回复金刚鹦鹉：喂喂喂，别发广告哈，我们可不吃土。

吃货动物的聚餐

我叫黄牛，是哺乳纲动物，但我属于偶蹄目牛科牛属大家庭。我的身高一般是100~130厘米。
我叫大熊猫，来自哺乳纲食肉目熊科大熊猫属大家族。我们通常高160~180厘米，重80~150公斤。我属于中国特有的动物，在中国大家都叫我‘国宝’。

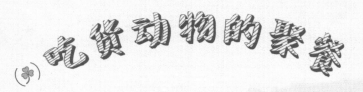

我叫金刚鹦鹉，是鸟纲鹦形目鹦鹉科家族的一员，常见的种类有红绿金刚鹦鹉和蓝黄金刚鹦鹉。我的老家在美洲热带雨林地区。
我叫大鲵，但人类经常叫我‘娃娃鱼’，因为我偶尔会发出和婴儿啼哭相似的声音。我属于两栖纲有尾目动物，体长通常是0.5~1米。

大熊猫 边吃边拉，解决胃部短板

我吃吃吃，我拉拉拉，谁也挡不住吃货的步伐。

大熊猫主要分布在我国四川省、陕西省和甘肃省，是我国特有的动物。大熊猫的祖先是肉食性动物，在长期的进化过程中，为了适应生存环境，大熊猫的食性出现了变化，现在它们的食谱中 99% 是竹子。野生大熊猫采食的竹子种类多达 63 种。

虽然现在的大熊猫食性发生了变化，但它们的消化器官仍然保留着肉食性动物的特点。比如，消化道短，没有盲肠，而且消化道含有蛋白消化酶，有利于消化高蛋白的肉类食物。

与肉食性动物相比，植食性动物则具有发达的胃和肠道，用于消化富含纤维素和木质素的草类。大熊猫长着肉食性动物的消化道却爱吃竹子，它没有大容量的胃或盲肠用于消化和发酵植物类食物，也缺乏消化竹子纤维所需要的消化酶。于是，大熊猫只能通过大量进食和快速排便的方式，最大限度地获取竹子里的营养和能量。

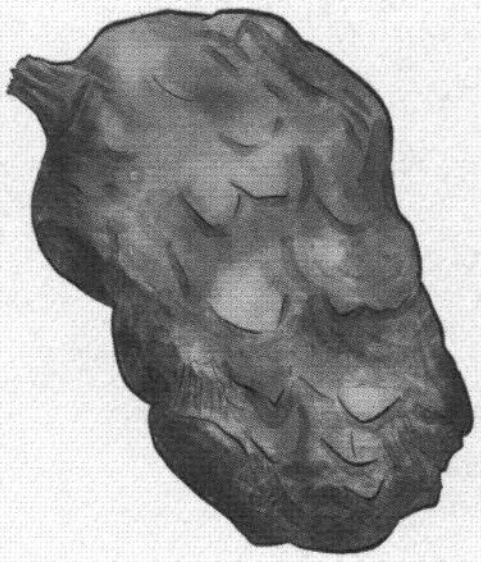

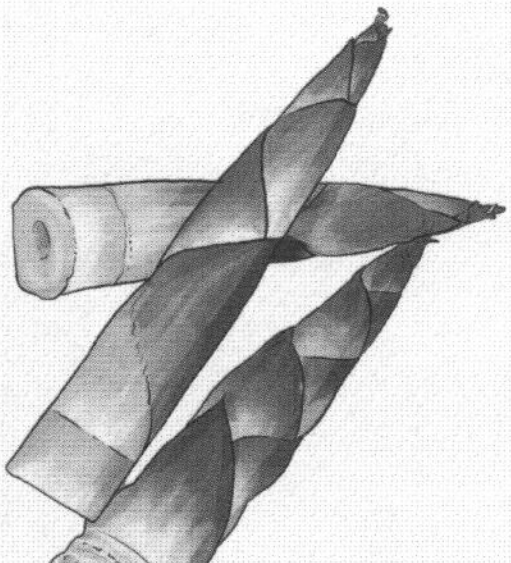

大熊猫每天用于摄食的时间超过 12 小时，高峰期时可达 20 小时。一天可以吃掉四五十公斤竹笋，排出 120~180 团粪便。它可真是一天到晚都在忙着吃饭、上厕所呀！

黄牛 强大瘤胃，特殊反刍，帮助消化

黄牛吃草的时候一般都比较匆忙，稍加啃咬就会吞下去，等到休息的时候，再将胃里的食物逆呕到口腔里慢慢咀嚼，然后再吞咽到胃里。这种特殊的消化行为叫作反刍，又称倒嚼。能进行反刍的动物除了牛，还有羊、鹿等 200 多种动物。

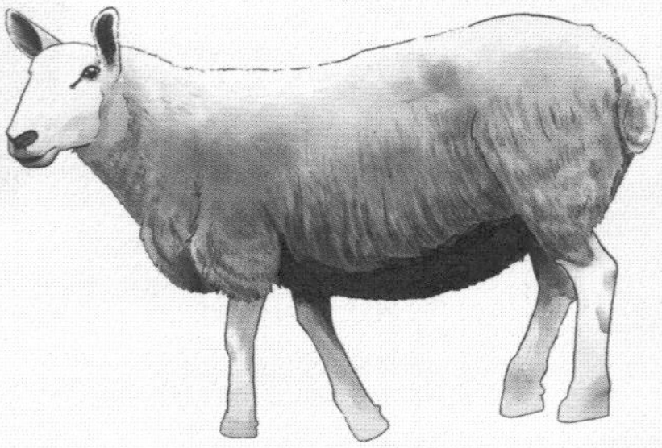

黄牛拥有植食性动物中最复杂的消化系统，它的胃分为 4 个室，分别是瘤胃、网胃、瓣胃和皱胃。其中，瘤胃的容积有 100~300 升，约占牛整个胃的 80%。牛瘤胃内有 5000 多种微生物，这里就像一个巨大的微生物发酵罐，可以将不易被消化吸收的植物粗纤维转化成营养物质。

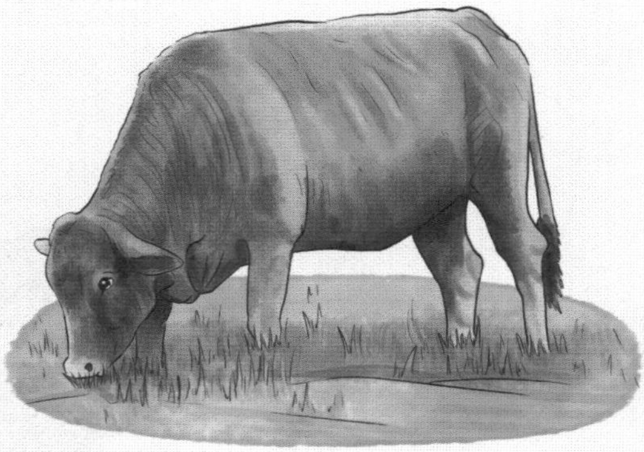

值得注意的是，牛瘤胃中的微生物会产生大量的温室气体甲烷。一头体重 250 公斤的牛每天通过排泄粪尿可产生 200 升的甲烷。牛群在消化或反刍过程中产生的甲烷，占到全球甲烷排放总量的 1/3。

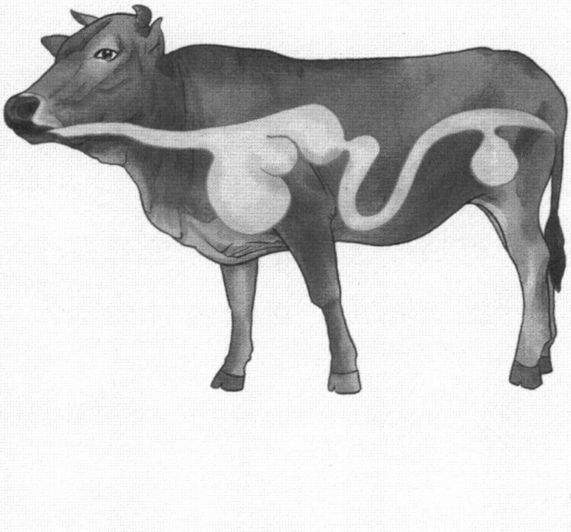

金刚鹦鹉 排毒补盐，全靠吃土

在秘鲁南部亚马孙河岸一处高高的黏土崖上，每天早上都有成千上万的金刚鹦鹉聚集到这里吃土。这是为什么呢？

鸟类的胃由腺胃和砂囊组成。腺胃也被称为前胃，可以分泌大量的消化液来消化食物。砂囊也称肌胃，用来储存小石子和细沙。鸟类会采食沙砾，

利用棱角分明的沙石研磨食物，帮助自己更好地消化 。可是，金刚鹦鹉为什么不走寻常路，不吃沙砾，反而去吃黏土呢？

科学家研究后发现，黏土中的盐离子含量很高，金刚鹦鹉吃土是为了补充日常所需的盐分。另外，热带雨林中的金刚鹦鹉主要吃浆果和种子，这些食物中含有较多的生物碱等毒素，长久食用会导致中毒。黏土中含有对毒素有强大吸附能力的物质，可以主动结合毒素，再通过排泄物将毒素排出体外。

大鲵 冬夏两眠，少吃多睡

大鲵是一类体形很大的两栖动物，全长可超过1米，体重可超过50公斤。大鲵起源于3.5亿年前的泥盆纪时期，素有“活化石”之称。目前已知全球有三种大鲵：中国大鲵、日本大鲵和美洲大鲵。其中，中国大鲵为我国特有种，属于国家二级保护动物。

大鲵属于变温动物，它们对环境温度变化敏感，自身体温会随环境变化而变化，适宜生活在 10~28℃的环境里。秋末当水温在 10℃以下时，大鲵活动减弱进入冬眠状态。夏季水温高于 28℃时，大鲵食欲减退、生长缓慢甚至停止生长，进入夏眠。

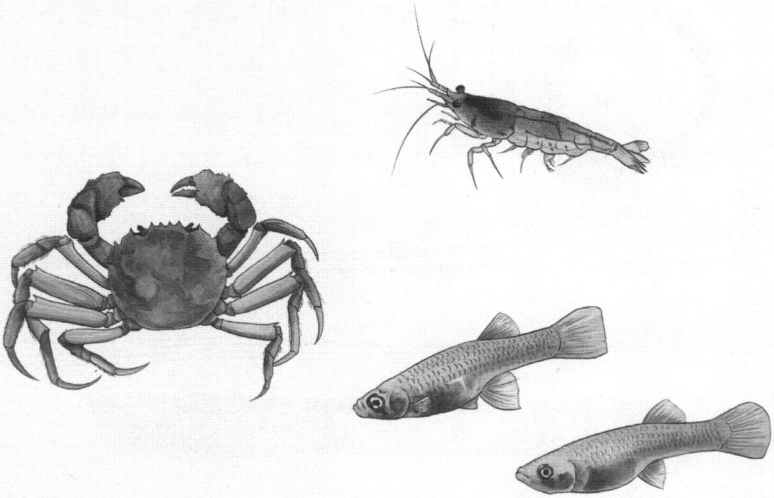

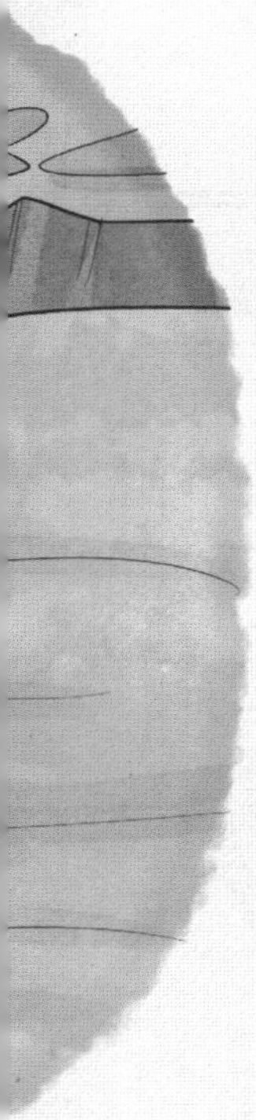

大鲵对生活环境的要求比较高，喜欢生活在阴暗的水中，白天待在家里，晚上出来捕食蟹类和鱼虾。

一年中，大鲵通常只在 4~10 月进食生长，其他时间处于睡眠状态。大鲵有极强的忍受饥饿的能力，即便野外食物不足，也不会对它们的生存造成很大的影响。

知识卡包

大熊猫只吃素吗？

大熊猫爱吃竹子，但可不要误认为它们就是素食主义者。大熊猫偶尔也会开荤，尤其在冬天大雪封山时，大熊猫没有足够的竹子可以食用，也会吃一些动物或者动物的尸体来填饱肚子。

黄牛和鲸鱼居然是近亲？！

外表长得很像鱼的鲸鱼居然不是鱼，而是哺乳动物，这已经够让人意外的了，但更让人意外的是，黄牛和鲸鱼居然是近亲！科学家通过分子系统学证据和化石证据证实，鲸鱼在进化上与黄牛所在的偶蹄目亲缘关系最近。

鸟类为何喜欢随地大小便?

你有没有经历过被凌空落下的一泡鸟屎砸在头上的尴尬事?这时候是不是特别气愤，为什么鸟儿这么不讲文明，飞在空中还要大小便?其实也不能怪鸟儿，它们没有膀胱且直肠短，没法像我们人类那样憋住屎尿，只能随时随地大小便了。

什么叫动物的食性?

动物吃食物的习性叫作食性。根据食性的不同，可以将动物划分为肉食性动物、植食性动物和杂食性动物。肉食性动物有老虎、豹子、狼等；植食性动物有马、牛、羊等；杂食性动物有猪、狗、鸡、鸭等。我们人类属于杂食性动物，需要摄食谷类、蛋类、奶类、肉类、豆类等各种各样的食物来维持身体的营养均衡。

趣味充值

连一连

请用线把下面的动物和适合它们的勋章连起来吧！

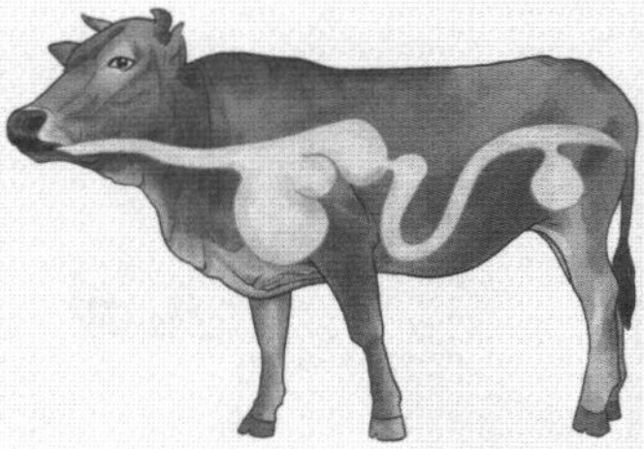

答案 大熊猫连"吃不停"，黄牛连"反刍能手"，金刚鹦鹉连"吃土狂魔"，大鲵连"爱吃不吃"

牙齿群：
动物牙齿有个性

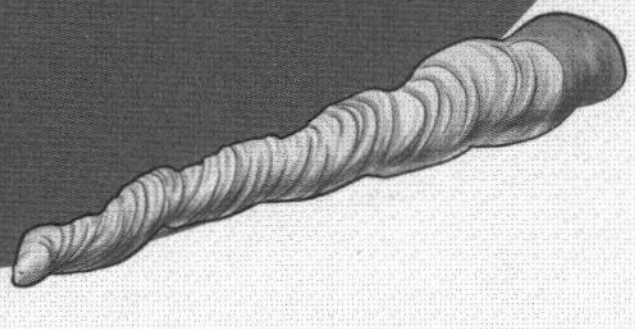

群公告

牙齿白白，吃嘛嘛香

生存的终极状态就是武装到牙齿。

“牙好胃口就好，吃嘛嘛香。”吃好了，动物才能健康成长，才能在地球上存活下来。可见，牙齿对于动物和人类来说，是十分重要的器官。牙齿不仅有切割、咀嚼的作用，还能在动物捕猎、进攻、防御等过程中发挥作用。人类的牙齿通常都是白白净净的，像一颗颗珍珠般镶嵌在牙龈里，但动物因为饮食习惯、生活习性、生存环境等因素，进化出了大小不同、数量不一、形态各异的牙齿。有些动物的牙齿还非常有个性。比如蜗牛的牙齿能达到上万颗；以小白鼠为代表的啮齿类动物的牙齿能终身生长；独角鲸的牙齿仅有一颗，还长在了很特殊的地方；最特别的要数穿山甲，它直接把自己的牙齿进化没了！

9:44　90%

朋友圈

蜗牛

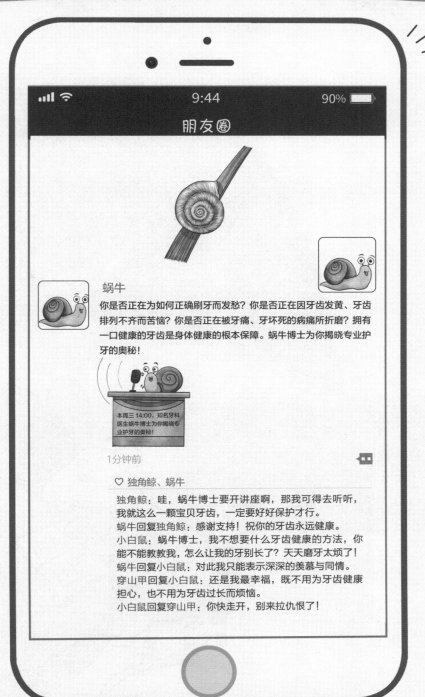

你是否正在为如何正确刷牙而发愁？你是否正在因牙齿发黄、牙齿排列不齐而苦恼？你是否正在被牙痛、牙坏死的病痛所折磨？拥有一口健康的牙齿是身体健康的根本保障。蜗牛博士为你揭晓专业护牙的奥秘！

本周三 14:00，知名牙科医生蜗牛博士为你揭晓专业护牙的奥秘！

1分钟前

♡ 独角鲸、蜗牛

独角鲸：哇，蜗牛博士要开讲座啊，那我可得去听听，我就这么一颗宝贝牙齿，一定要好好保护才行。
蜗牛回复独角鲸：感谢支持！祝你的牙齿永远健康。
小白鼠：蜗牛博士，我不想要什么牙齿健康的方法，你能不能教教我，怎么让我的牙别长了？天天磨牙太烦了！
蜗牛回复小白鼠：对此我只能表示深深的羡慕与同情。
穿山甲回复小白鼠：还是我最幸福，既不用为牙齿健康担心，也不用为牙齿过长而烦恼。
小白鼠回复穿山甲：你快走开，别来拉仇恨了！

爱牙动物的知识讲座

“我叫穿山甲，属于哺乳纲鳞甲目鲮鲤科动物，是世界上唯一现存的鳞甲类哺乳动物。我喜欢吃的食物是蛀食树木的蚁类，所以我是个护树小能手哟。”
“我叫小白鼠，属于哺乳纲啮齿目鼠科动物。我的身体长度通常不超过15.5厘米。‘小巧灵活’说的就是我。”

我叫蜗牛，属于腹足纲蜗牛科大家族的一员。我们家族的成员遍布全世界，我们喜欢阴暗潮湿的地方。我最讨厌的事就是有人说我爬得慢，我背上可是背着一个大房子呢！
我叫独角鲸，属于哺乳纲动物，但我是鲸目一角鲸科家族的一员。我们的家族成员主要生活在大西洋和北冰洋的海域中，喜欢吃北极鳕鱼和比目鱼。

蜗牛 牙齿上万，颗颗健康

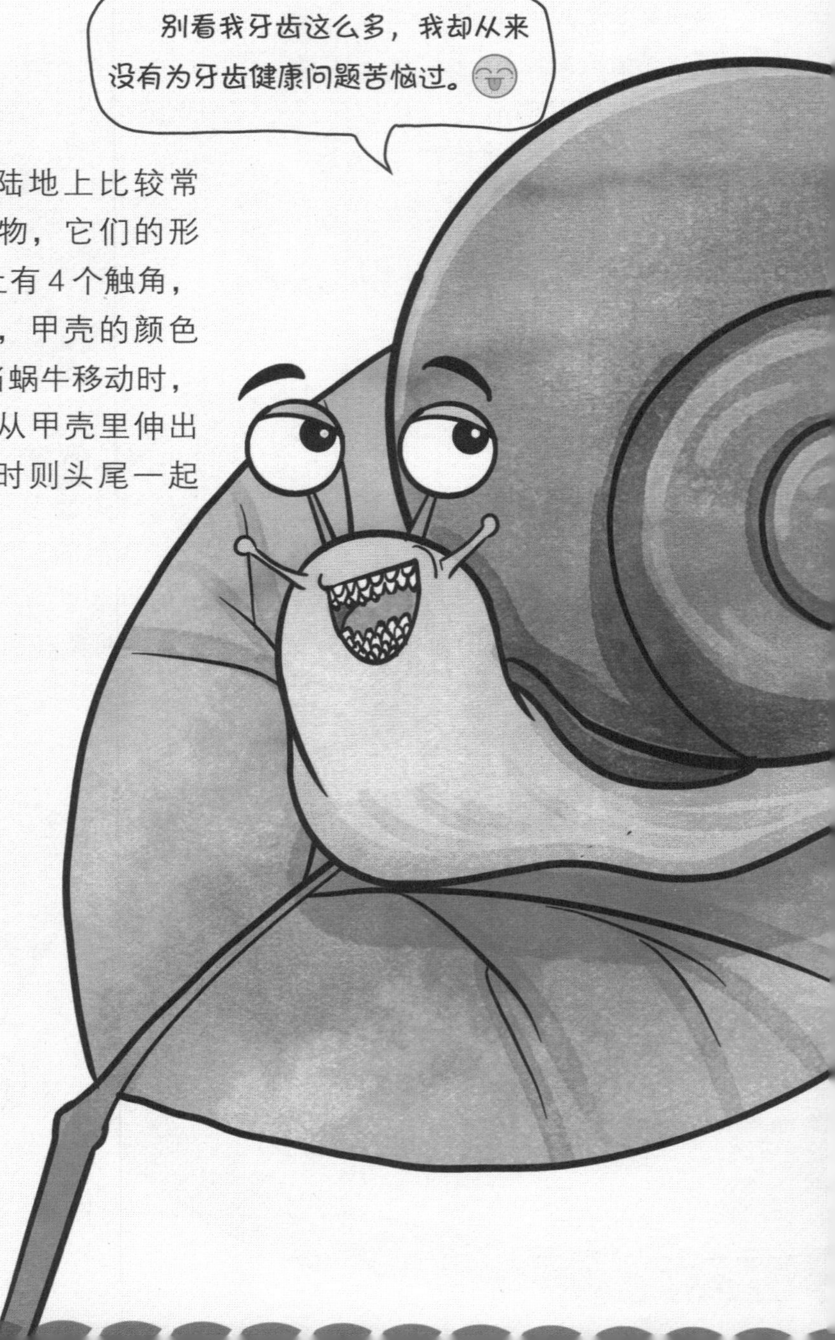

别看我牙齿这么多，我却从来没有为牙齿健康问题苦恼过。

蜗牛是陆地上比较常见的软体动物，它们的形状像螺，头上有4个触角，背上有甲壳，甲壳的颜色多种多样。当蜗牛移动时，它们就把头从甲壳里伸出来，受惊吓时则头尾一起缩进甲壳中。

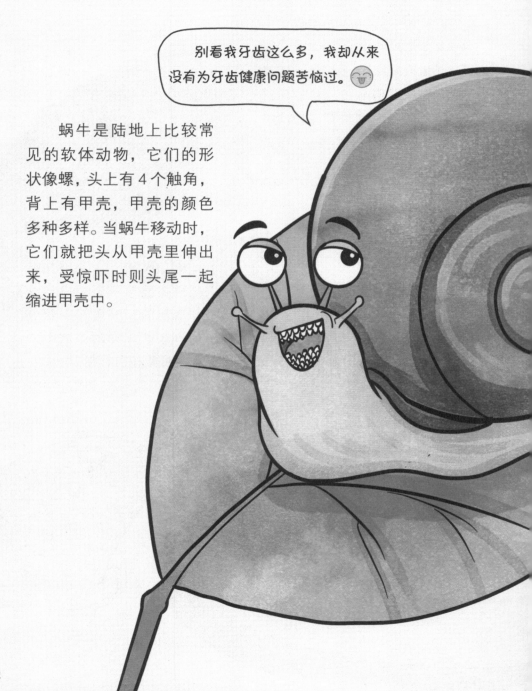

蜗牛的牙齿数量在动物界名列前茅，总数超过1万颗。其实，蜗牛的牙齿并非传统意义上的牙齿。在蜗牛针尖般大小的嘴巴里有一条带状结构的舌头，学名叫作齿舌，齿舌上长有一排排齿片，这就是蜗牛的牙齿。

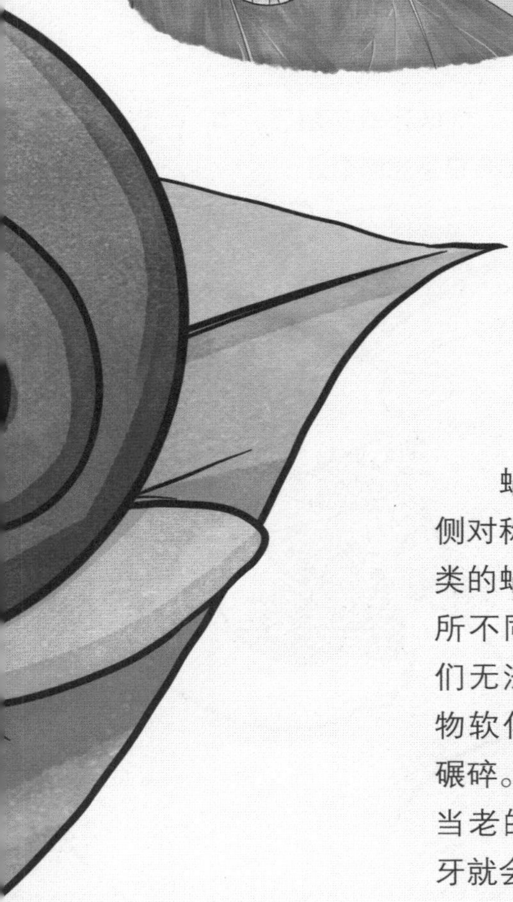

蜗牛的齿片一般由1枚中央齿、两侧对称的数枚侧齿和边缘齿组成。不同种类的蜗牛，齿片的大小、数量、排列都有所不同。尽管蜗牛有上万颗牙齿，但它们无法咀嚼食物，只能通过唾液先把食物软化，然后用长满齿片的齿舌将食物碾碎。在蜗牛的一生中，它们会不断换牙，当老的牙齿被磨损钝化后，更锋利的新牙就会长出并取代老的牙齿。

小白鼠 终身生长的牙齿，无限磨牙的生活

啮齿类动物包含啮齿目和兔形目两个分类，数量占哺乳动物的 40%~50%。小白鼠属于啮齿目，而兔属于兔形目。

你以为我是饿了，其实我只是想磨个牙。

啮齿类动物最显著的特征便是拥有一对大门齿，门齿没有齿根，能够终身生长。因此，小白鼠需要经常啃咬坚硬的东西来磨牙，从而将门齿控制在一定的长度，避免因为门齿长得太长或者卷曲而合不拢嘴。

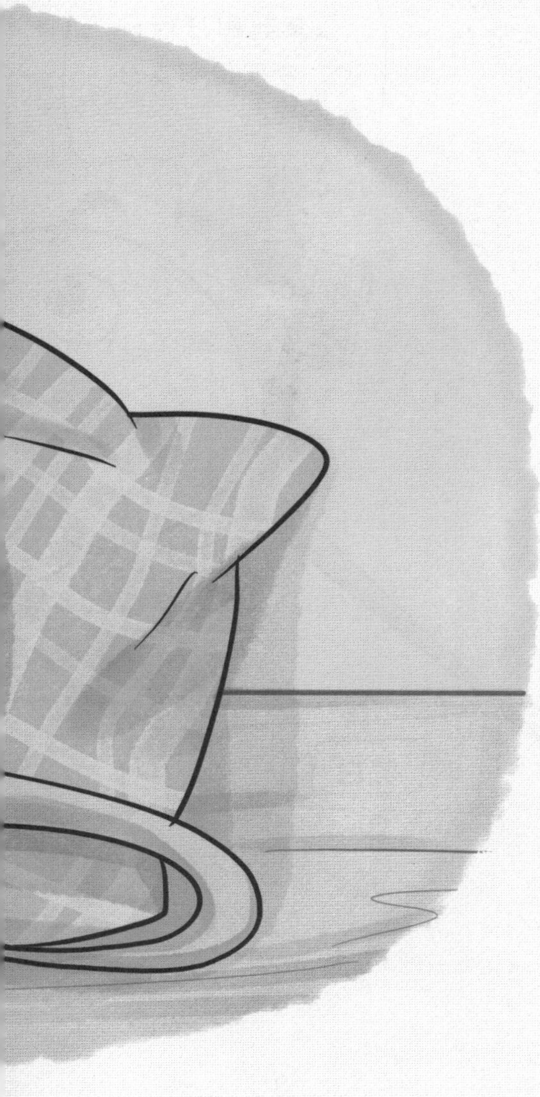

啮齿类动物大多以坚果的种子为食，它们很喜欢贮藏食物。贮藏的植物种子如果没有被吃完，就很可能发芽生长。啮齿类动物的这种行为间接实现了对植物种子的传播，这种传播方式被称为贮食传播。

独角鲸 长长的角牙，大大的功用

独角鲸又叫一角鲸，被叫这个名字是因为它们头上有一根长达两三米的长“角”。其实，这个“角”并非真正的角，而是牙。

又到刷牙时间了，今天用哪支牙膏呢？
美白

独角鲸在胚胎时期是有16颗牙齿的，到了出生时，多数牙齿退化消失，只有上颌左右两边的两颗牙齿保留下来。雄性独角鲸成长到了性成熟阶段，长在左上颌的牙齿就会按照逆时针方向螺旋式向前伸长，一直长成两三米的獠牙，而右上颌的牙齿突出的概率很小。

独角鲸长牙的末端通常被磨得雪白光滑。鲸类学家经过多年的研究，认为这根长牙有多种用途。长牙可以作为雄鲸之间战斗的武器，从而决定它在群体中的社会地位。作为群落首领的雄鲸可以利用它的长牙驱赶离群的独角鲸归群，雄鲸的长牙还可以像雄孔雀的翎毛那样，用来吸引雌性独角鲸。独角鲸的长牙表面广泛分布着神经，可以用来探测海水水温、盐度、水压的变化，帮助其感应海洋环境。

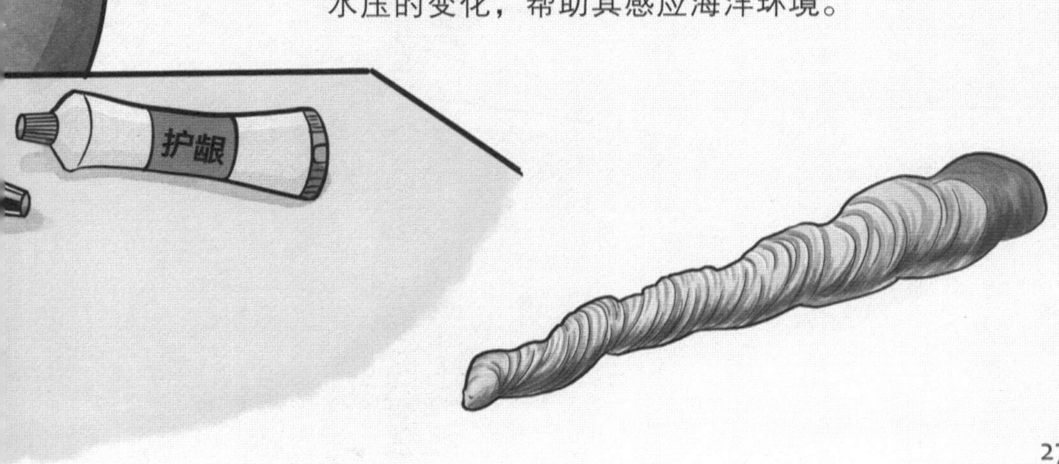

穿山甲 是无“齿”之徒，也是森林卫士

穿山甲是一种古老的物种，它的视觉基本退化，也没有牙齿。它们通过灵敏的嗅觉捕食，然后将食物直接吞咽到胃里，借助吞食时一同吞进胃中的小沙石将食物磨碎。

虽然没有牙齿，但完全不影响我每天吃得饱饱的。

穿山甲以蚁类为食。夏季主要摄食蚂蚁，冬季主要摄食白蚁。据统计，一只穿山甲每年最多能够吃掉大约 700 万只蚁，因此有“森林卫士”之称。

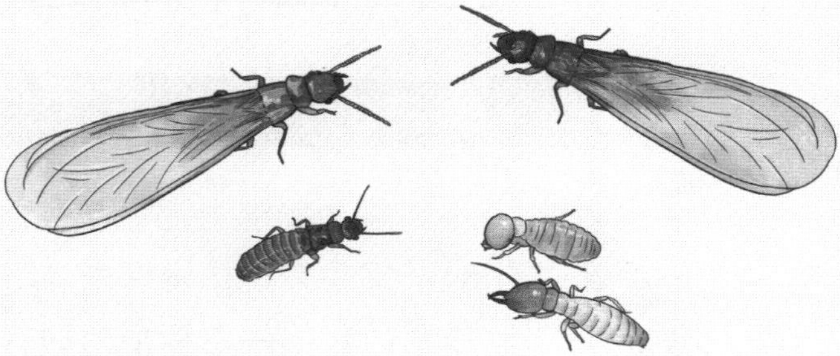

穿山甲身体表面覆盖有一层坚硬的覆瓦状鳞片。当遇到危险时，穿山甲会蜷缩成一团，利用鳞片保护柔软的腹部。

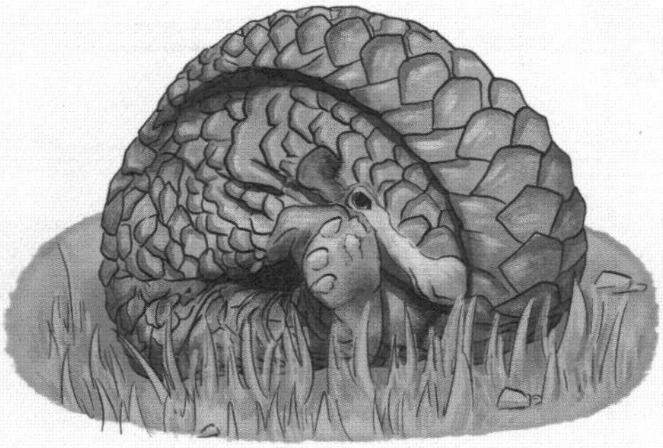

因为穿山甲具有良好的食用和药用价值，所以导致穿山甲被大量捕猎。2021 年《国家重点保护野生动物名录》将穿山甲属动物的保护级别由国家二级重点保护动物提升至一级。

知识卡包

蜗牛的神奇黏液

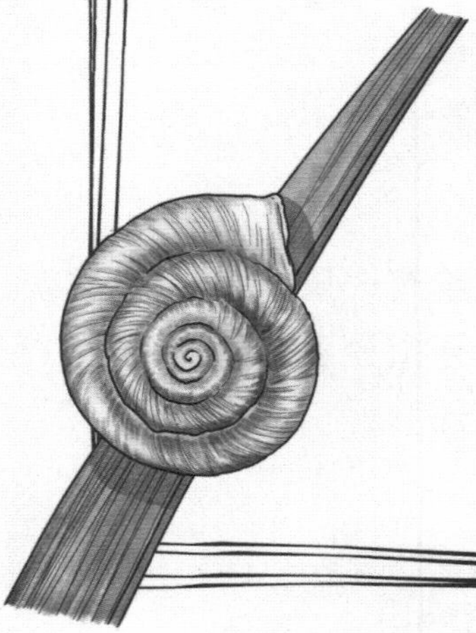

蜗牛能够分泌黏液，这种黏液对于蜗牛来说，发挥着各种神奇的作用。当蜗牛遇到危险时，蜗牛会钻进甲壳，然后用黏液封住壳口保护自己；当蜗牛排泄粪便时，会先把粪便排泄到自己身上，然后通过黏液将粪便留在地上。

大白鼠是大个头的小白鼠吗？

大白鼠和小白鼠虽然都属于啮齿目鼠科动物，名字也相近，但它们并不是同一种动物。大白鼠是褐家鼠的变种，原产于亚洲中部，人工饲养开始于 18 世纪后期，19 世纪国内外已经将它们用作实验。小白鼠则是野生鼷鼠的变种，我国饲养最广泛的小白鼠是 1946 年从印度引入云南昆明的品种。

各种各样的鲸鱼牙齿

鲸类的祖先是陆生偶蹄类动物，当鲸鱼来到海洋中生活后，为了适应海洋生活，它们的牙齿都会发生特化。比如，独角鲸长出了突出的长牙；齿鲸满口的牙只能吞咽不能咀嚼；须鲸的牙齿则全部丢失，被角质化的鲸须所替代。

无“齿”之徒家族

在动物界，无“齿”之徒的家族成员数量十分庞大。除了穿山甲，两栖类的蟾蜍、爬行类的龟鳖、鸟类，还有鸭嘴兽等动物，都没有牙齿。

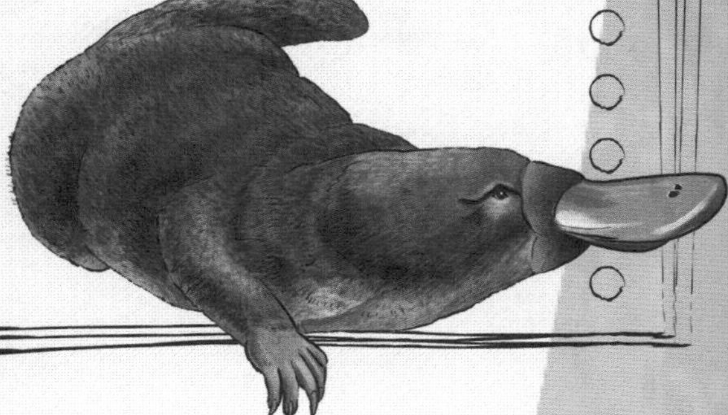

趣味充值

画一画

请你拿起笔，帮独角鲸把身体缺失的部分补充完整，再画一些其他海洋生物吧！

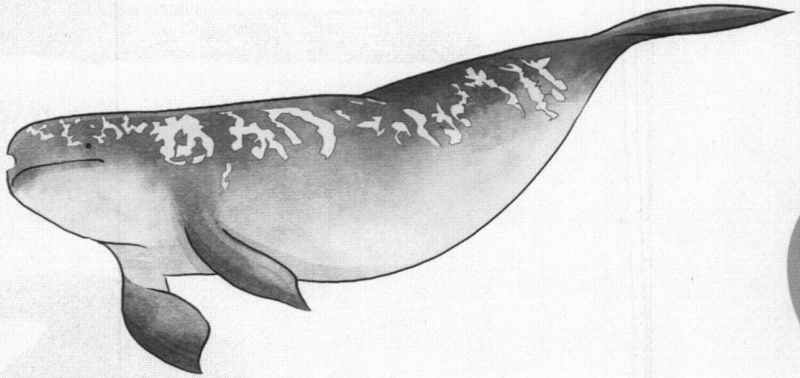

屎尿屁群：

动物也有三急

生活离不开屎尿屁

人有三急——屎尿屁，动物也不例外。排尿可以将生物体内的二氧化氮、无机盐、尿素等代谢废物排出体外，排便可以把不能消化的食物残渣通过肛门排出体外。可见屎尿屁对动物来说具有十分重要的作用。有一些特别的动物，甚至会做出令人瞠目结舌的屎尿屁行为。比如，有的热衷于吃自己的便便，有的天天抱着屎当球玩儿，有的会释放出杀伤性极强的臭屁，有的动不动就去闻尿。

12:00　78%

朋友圈

家兔

这是一条有味道的朋友圈，介意者慎点。

1分钟前

♡ 蜣螂

家兔：谢谢你们推荐的方法，最近可算不便秘了。@ 蜣螂 @ 臭鼬 @ 中缅树鼩

蜣螂回复家兔：哈哈，太好了，昨天一起玩得很愉快！

中缅树鼩：如果臭鼬的屁能不那么臭就完美了，我几乎是含泪玩耍了一天啊！

家兔回复中缅树鼩：它的屁要是不臭，它还能叫臭鼬吗？

臭鼬回复中缅树鼩：对不起，昨天太高兴了，没忍住。小伙伴们不嫌弃我吧？

中缅树鼩回复臭鼬：我是开玩笑的，怎么会嫌弃你呢？咱们可是屎尿屁协会的兄弟姐妹，下次还要一起玩呀。

屎尿屁动物的聚会

“我叫**家兔**，是穴兔的家兔变种。我属于哺乳纲兔形目，世界各地都有我们家族的身影。我们乖巧可爱的外形深受人类喜爱。”

“我叫**中缅树鼩**，属于哺乳纲树鼩目大家族，主要生活在东南亚地区，体长通常为26~41厘米。”

“我叫**蜣螂**，俗称屎壳郎，是昆虫纲鞘翅目家族的一员。除了南极洲，地球上其他的陆地区域我们都爱居住。我最出名的特点就是爱玩屎，爱吃屎。”

我叫臭鼬，之所以叫这个名字是因为我擅长释放臭气，嘿嘿。我属于哺乳纲食肉目，体长55~70厘米，主要生活在北美洲墨西哥以北地区。

家兔 自产自销，自己的屎自己吃

兔类是我们日常生活中常见的小动物，有野生的，也有饲养的。不管哪种兔，给我们的印象都是小巧可爱的，尤其浑身雪白的兔子，还会给我们洁白干净的感觉。但它们却有一个与其形象不太匹配的不雅嗜好——吃屎！而且吃的还是自己的屎！

都说“狗改不了吃屎”，但真正论起对吃屎的热衷度，狗可比不过家兔。家兔为什么这么爱吃屎呢?

家兔排出的粪便主要有两种，一种是硬粪，另一种是软粪。当家兔采食的食物只经过胃和小肠的吸收，没有经过盲肠的进一步分解便到达结肠时，因食物残渣里的水分大部分被吸收，就形成了干硬的球形粪粒。当家兔采食含有植物纤维的食物，经过胃和小肠内初步消化后，未消化完全的食糜被转移到盲肠，在盲肠内经过微生物分解和进一步消化到达结肠被黏液包裹后排出，就形成了一颗颗像串珠一样的软粪。

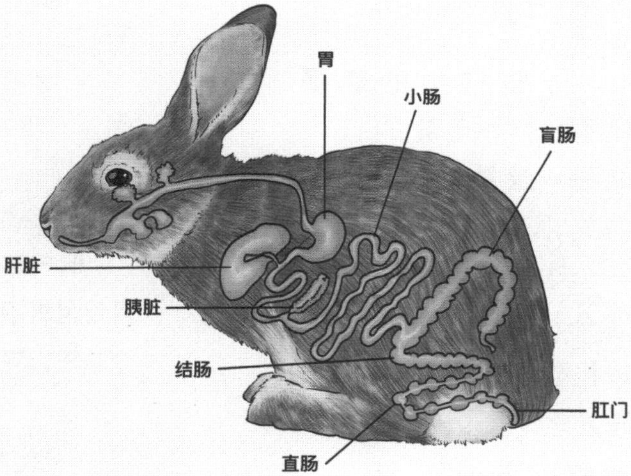

家兔虽然爱吃屎，但也并不是不加选择地见屎就吞，家兔只吃自己排出的软粪。软粪比硬粪个体小，营养价值高。家兔通过吞食它们，可以为自身补充大量的微生物、蛋白质和维生素。

蜣螂 吃苦耐劳，勇做粪便清洁工

全世界约有 5000 余种蜣螂。它们的喜好非常重口味。蜣螂常出现在牛粪堆、人屎堆中，或者干脆在粪堆下面挖一个洞当作自己的栖息地，平时就以取食粪便和动物的尸体为生。

一些种类的蜣螂还有一个神奇的技能——滚粪球。它们先把粪便滚成一个球，然后把这个小小的屎球推到自己的洞穴里。所以蜣螂又被叫作“推屎虫”和“转丸”。

蜣螂把粪便团成球滚入地下，既清洁了地面，又疏松了土壤，还间接抑制了粪便中蚊蝇虫卵的孵化，因此被誉为“自然界的清道夫”。据估计，全球每年因蜣螂转运家畜粪便而避免的经济损失达 38 万美元。另外，蜣螂搬运粪便还可以帮助粪便中未被消化的植物种子进行二次传播并萌发。

臭鼬

臭气毒弹，生化防御绝技

臭鼬四肢短小、体格粗壮，身上长着黑白分明的条纹，白天在洞中休息，黄昏和夜晚出来活动。臭鼬是杂食性动物，喜欢的食物包括昆虫、水果等。臭鼬最出名的就是它们散发的堪比生化武器的臭味。

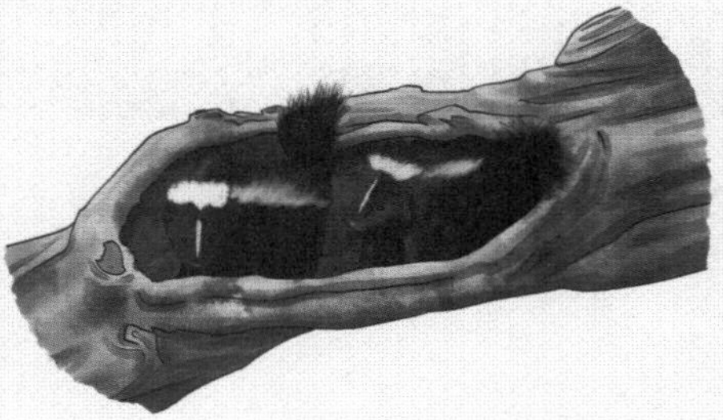

臭鼬喷发臭味是其最得力的防御措施，不过，这通常是它被逼无奈时才使用的手段。当遇到危险时，臭鼬首先会尝试使用其他简单的方法，将捕食者拒之门外。臭鼬先是用发出嗞嗞声和跺脚的方式吓唬敌人。如果没有吓跑敌人，它们再低下身子，拱起背部，竖起尾巴，用凶狠的外形警告对方。实在不行，最后才释放臭屁。

其实臭鼬放出的并不是屁，而是一种液体，该液体的排放机关是臭鼬尾巴根上的肛门臭腺。肛门臭腺周围肌肉发达，喷射臭液的距离可达 4 米。被臭液击中者会出现眼部刺痛和水肿，严重时甚至会短时间失明。此外，臭液中含有一种黏性物质。一旦臭液沾在动物的皮毛上，遇到潮湿天气或者沾上水，就会发生水解反应，再次释放臭味，即使过去几个月，臭味也不会散去。

中缅树鼩 闻尿辨友，堪比信息提取器

中缅树鼩是一种长相类似松鼠的小型哺乳动物，在我国主要分布于云南、四川、贵州西南部、广西南部及海南岛等地。中缅树鼩有一个特殊的癖好——爱闻尿。这个爱好对于它们来说，有着重大的意义。

哺乳动物的尿液中含有丰富的化学信号，它们通过尿液标记来进行个体间的识别交流、配偶选择、领域保护和躲避天敌等。

中缅树鼩的尿液成分有细致区分：雌性和雄性的尿液化学成分不同，雌性个体在不同繁殖期尿液化学成分也不同，不同亲缘关系个体间尿液的化学成分均不相同。有亲缘关系的中缅树鼩个体间存在着一种可以交流的特殊信号物质，当中缅树鼩闻尿液时，它们实际上正在辨别留下尿液的动物是不是它的亲戚。

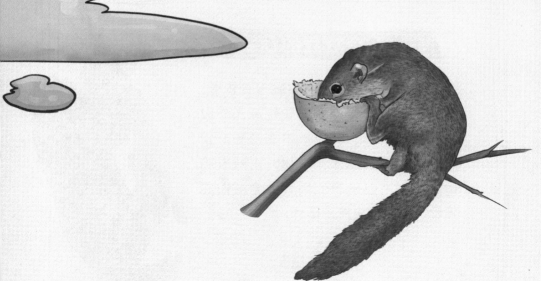

知识卡包

不洗澡的兔

兔颠覆可爱形象的习惯除了爱吃自己的屎，还有不洗澡。但别因此就觉得兔太邋遢了。恰恰相反，兔是出了名的爱干净，它们的自我清洁能力极强，通过时时舔毛来清洁自己。

不会放屁的动物

放屁是动物的一种正常生理现象。因为鸟类的胃里没有消化细菌，所以鸟类不会放屁。树懒也不会放屁，它的消化系统蠕动非常缓慢，虽然有肠道微生物，但是产生的气体会被血液吸收，通过呼吸排出体外。

臭鼬也害怕臭味

臭鼬喷射出的臭味，不仅其他动物受不了，臭鼬的同类小伙伴也不喜欢。未成年臭鼬在遇到成年臭鼬时，偶尔会使用臭味自保；雌性臭鼬在雄性臭鼬的求偶行为过于激烈时，也会用臭味教训它们。

家禽为什么不排尿？

鸡鸭等家禽，我们只能看到它们拉屎，却看不到它们排尿，这是因为它们没有进化出膀胱，尿液会跟着屎一同排出。

趣味充值

猜一猜

前翅成鞘后翅长，体壁坚硬黑又亮，
自幼生来好玩粪，夫妻推球为儿忙。

（打一动物）

连一连

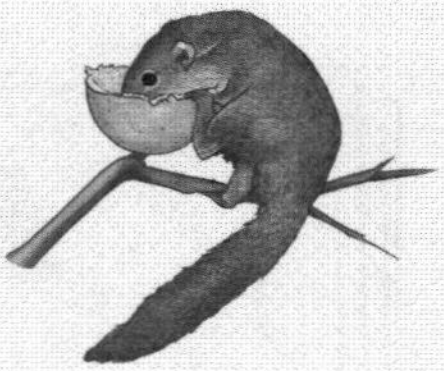

哺乳动物

节肢动物

答案 猜一猜：蜣螂　连一连：蜣螂连节肢动物，家兔、臭鼬、中缅树鼩连哺乳动物

瞌睡群：

睡这么香，喂喂喂，你流哈喇子了

群公告

想要活得久，还得睡得巧 >

睡眠对于动物至关重要。在睡眠期间，身体机能得到调整和恢复，有助于更好地开始新的一天。但生活在自然界的动物每天都面临着各种生存危机，可能打个盹儿的工夫，自己就成了别人的口中餐。为了应对各种状况，动物进化出了不同的睡眠方式：有的在睡觉时间上下功夫，比如冬眠、夏眠；有的在睡觉地点上下功夫，比如飞在空中，边飞边睡觉；有的在睡觉形式上下功夫，比如睁着眼睛裹上“睡袋”睡觉。

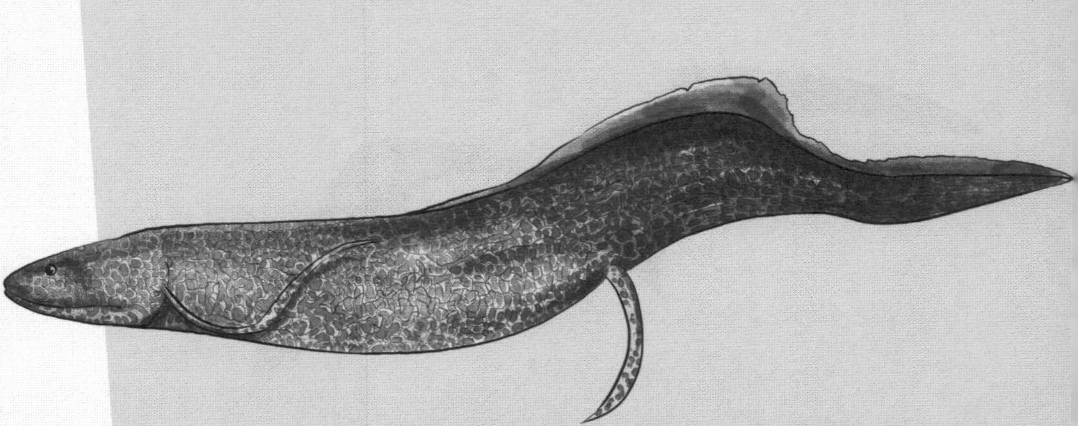

19:30 36%

朋友圈

达乌尔黄鼠

天冷了，我该睡觉了。明年见，朋友们。

1分钟前

♡ 非洲肺鱼、黑腹军舰鸟

非洲肺鱼：睡吧睡吧，等你睡醒就差不多到夏天了，就该我睡了。

污色绿鹦嘴鱼：睡吧睡吧，记得像我一样准备个“睡袋”，安全第一。

达乌尔黄鼠回复污色绿鹦嘴鱼：我可没有你那样高端的装备。

黑腹军舰鸟：羡慕你们，至少能安静地躺在家里睡觉，不像我一边睡觉还得一边飞。

污色绿鹦嘴鱼回复黑腹军舰鸟：我才羡慕你呢，飞在空中睡觉多安全啊，不用梦里都在担心遇到敌人。

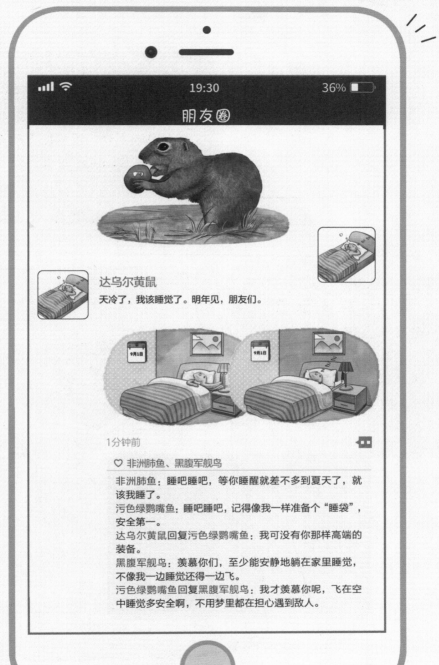

临睡动物的睡衣派对

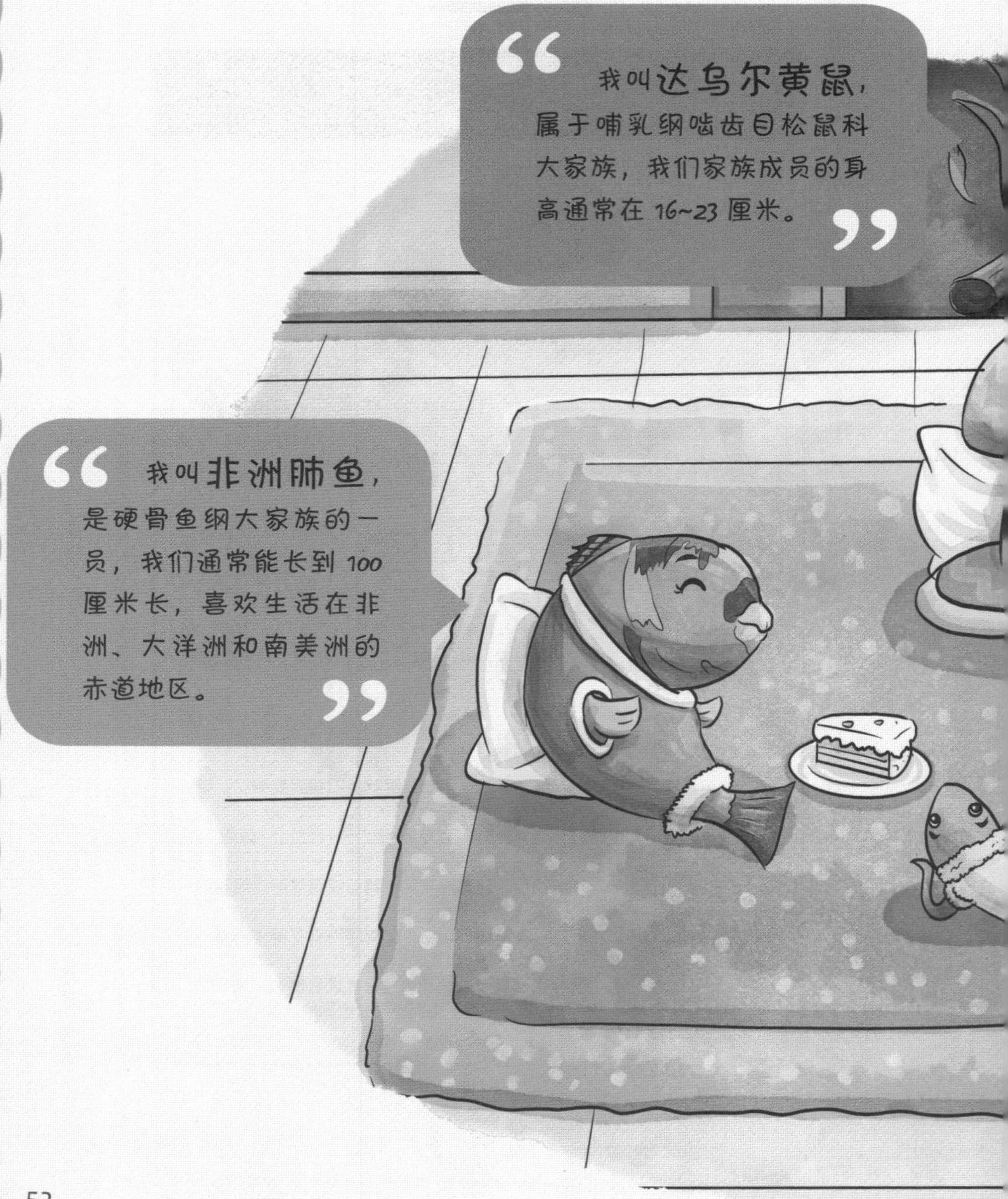
我叫达乌尔黄鼠，属于哺乳纲啮齿目松鼠科大家族，我们家族成员的身高通常在16~23厘米。
我叫非洲肺鱼，是硬骨鱼纲大家族的一员，我们通常能长到100厘米长，喜欢生活在非洲、大洋洲和南美洲的赤道地区。

我叫黑腹军舰鸟，属于鸟纲军舰鸟科的大型海鸟，但我并不擅长游泳，也不会潜水。我们家族成员的体长通常为80~100厘米。
我叫污色绿鹦嘴鱼，外号叫鹦哥，因为我的嘴形长得很像鹦鹉嘴。我也属于硬骨鱼纲，但我是鲈形目大家族的一员。

达乌尔黄鼠

半年清醒半年梦，躲过寒冬无饭时

在蒙古、俄罗斯，还有我国北部的草原和半荒漠等干旱地区，生活着一种叫达乌尔黄鼠的动物，它们一年中有一半的时间都在睡眠中度过。

在冬季（有时是早春或者晚秋）面临低温寒冷、食物匮乏等环境威胁时，部分小型动物会选择冬眠来降低代谢和体温，减少能量支出，帮助自己适应不良的环境。动物在冬眠期间常常不吃不喝不动，依靠冬眠前体内积累的脂肪作为能源物质存活。每年9月到第二年3月，达乌尔黄鼠都在冬眠。

冬眠动物的入眠、出眠和繁殖受生物节律的严格控制。达乌尔黄鼠的冬眠由“入眠一深冬眠一激醒、再入眠一深冬眠一激醒”这样一系列的冬眠阵组成。它们的入眠和出眠时间遵循着先雄性后雌性，先成年后亚成年的规律。成年黄鼠冬眠持续时间和深冬眠的累计时间短于亚成年组。成年雄性较早出眠，有利于寻找配偶，提高繁殖成功率。

天又冷，又没饭吃，还是睡觉吧，梦里啥都有。

临近冬眠，达乌尔黄鼠身体的温度开始变化，出现“试降”，即体温逐渐降低。进入冬眠期后，它们的心率为 5.55 次 / 分，呼吸变成周期性呼吸模式，每次呼吸暂停 3~10 分钟。

非洲肺鱼

夏眠不觉晓，处处雨声响

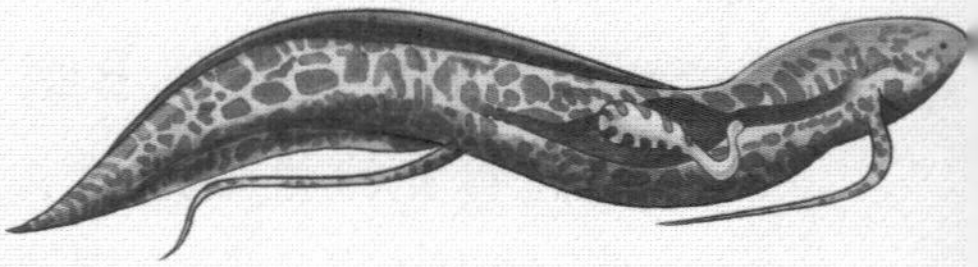

非洲肺鱼是一种介于鱼类和两栖类之间的珍奇动物，也是著名的“活化石”。有科学家认为非洲肺鱼与陆地动物亲缘关系非常近，它们不仅有腮还有“肺”。非洲肺鱼的“肺”其实是鱼鳔的变态，是一种很像陆生动物肺泡的气泡囊。气泡上有横膈，具有很强的呼吸能力，是一种早期的原始肺。

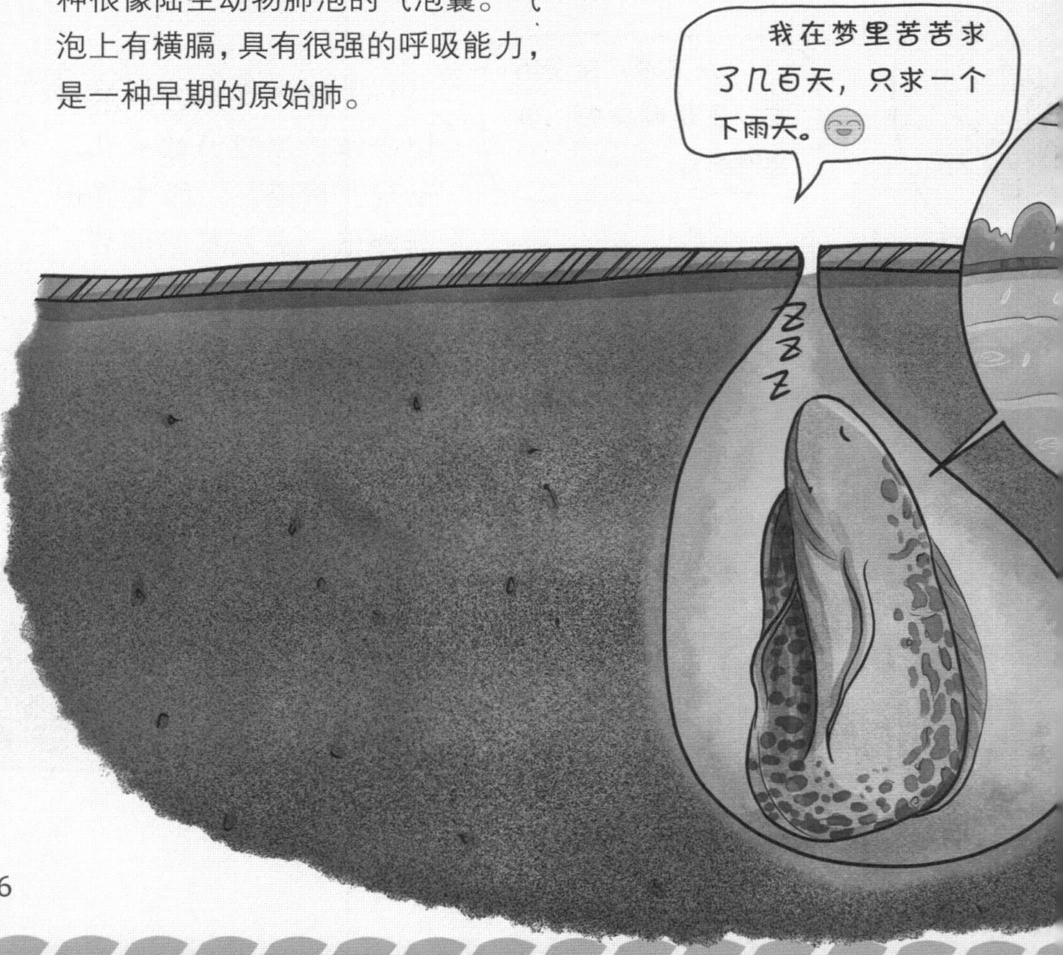

我在梦里苦苦求了几百天，只求一个下雨天。
Z
Z
Z

非洲肺鱼是一种非常有名的夏眠动物。夏季炎热少雨，沼泽干涸时，非洲肺鱼会钻进泥土里进入休眠。当雨季来临时，非洲肺鱼就会从夏眠中醒来。非洲肺鱼休眠时间可以长达一年，甚至更久。

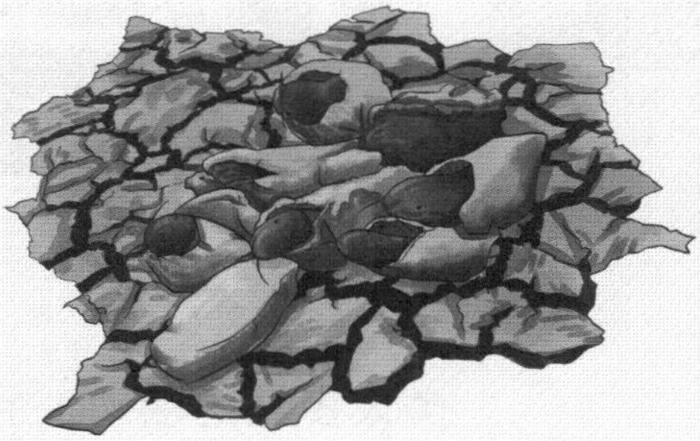

夏眠是动物的一种休眠方式，为了应对炎热干旱的夏季。在酷暑来临之际，夏眠动物会提前在体内储存脂肪，进入夏眠后将体内新陈代谢率降到最低，以减少能量消耗，等到环境适宜再醒来。

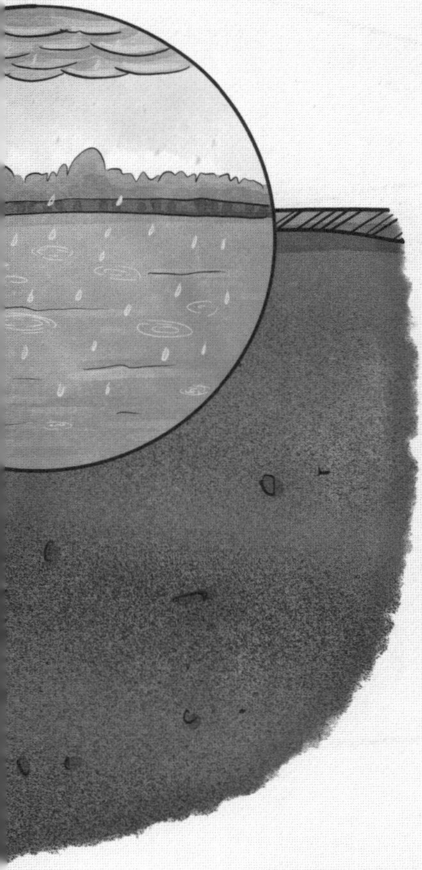

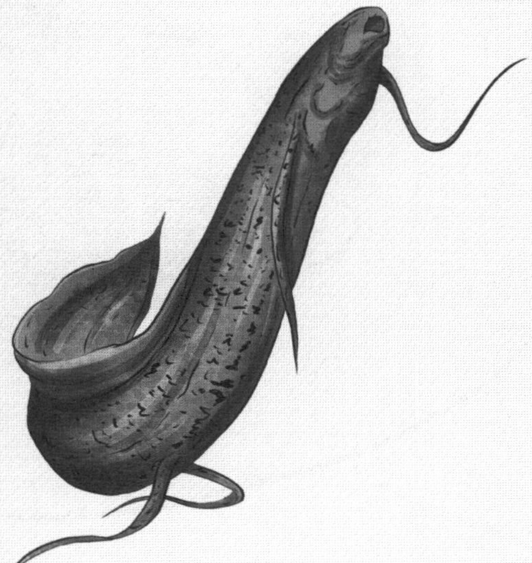

污色绿鹦嘴鱼

世间美事千千万，躺进睡袋最舒坦

鱼类大多缺乏活动性的眼睑，睡觉时也会把眼睛睁得大大的，让人误以为它们没有睡觉。当鱼类睡觉时，它们会在水中保持静止状态，一动也不动。

钻进我黏黏的小睡袋，一觉睡到大天亮。

鱼类通常也是在夜晚睡觉。为了避免在睡觉时成为其他动物的食物，它们的睡觉时间都比较短，一觉也就几分钟甚至几秒钟。有些鱼类即使睡着了也会保持警醒的状态，污色绿鹦嘴鱼更是发明了“睡袋”来保证自己的睡眠质量和生命安全。

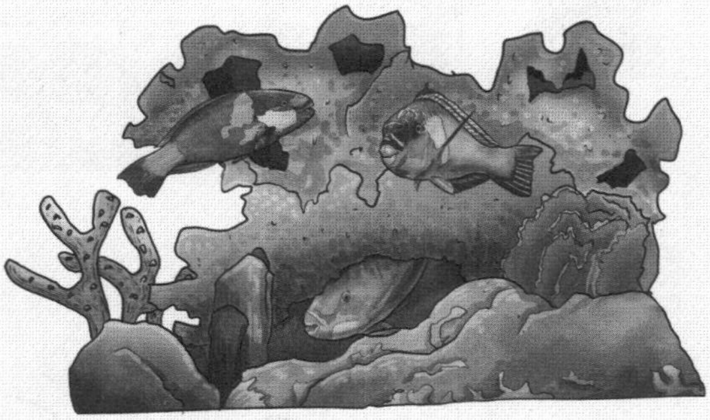

污色绿鹦嘴鱼生活在印度洋和太平洋的广阔海域中，它们是一类主要以藻类为食的草食性鱼类。每天日出时，污色绿鹦嘴鱼成群出发去觅食，到了傍晚再集合，然后游回珊瑚礁区休息。

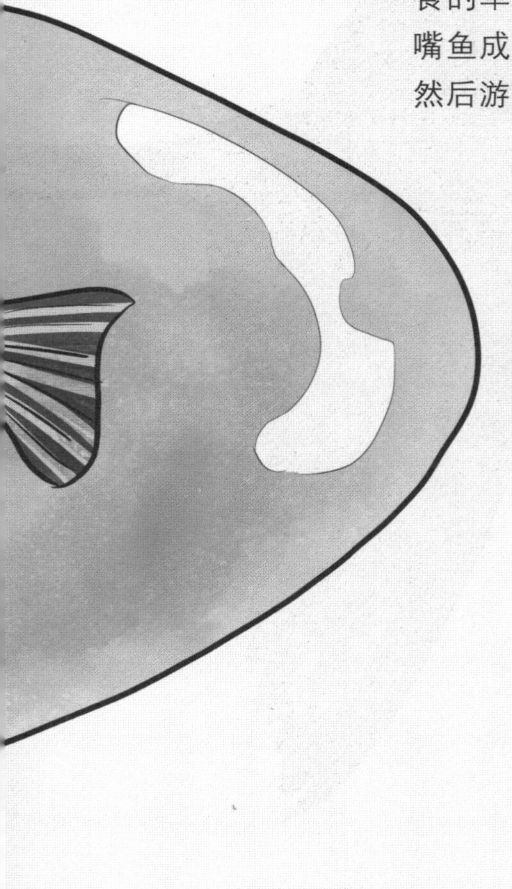

在睡觉前，污色绿鹦嘴鱼会分泌大量黏液，形成一个“睡袋”包裹住自己，用来防止睡觉时被其他生物猎捕。

黑腹军舰鸟

长途迁徙何足惧，飞行睡眠两不误

我给你表演个独门绝技——边飞边睡！
ZZZ

黑腹军舰鸟生活在热带和亚热带的沿海地区，它们的飞行速度在鸟类中数一数二，最快时速甚至超过 400 公里。黑腹军舰鸟会依循着无风地带或赤道无风带进行迁徙，在迁徙过程中它们可以连续飞行数十天。

迁徙需要消耗大量体力，睡眠延迟会引发鸟类在迁徙过程中睡眠不足，导致能量储备不能满足迁徙过程中的活动量，甚至可能让鸟儿精疲力竭而死亡。那么黑腹军舰鸟在连续飞行过程中是如何睡眠的呢？

科学家发现黑腹军舰鸟可以边飞行边睡觉，并且可以一个大脑半球休息或者两个大脑半球同时休息。另外，黑腹军舰鸟在陆地上时每天睡 12.8 小时，当其迁徙时每天只睡 0.69 小时，仅仅占其陆地上睡眠时间的 5.4%。

知识卡包

草原杀手——达乌尔黄鼠

达乌尔黄鼠长相小巧可爱，却是草原植被的杀手。它们在草地上大量繁殖、打洞，导致牧草根系受损，同时会破坏地面土壤的地下水补给，是一种对草原危害较大的动物。

夏眠动物有哪些？

除了非洲肺鱼，还有许多动物都有夏眠的习性。比如，常被人类当作食材的海参，在水温超过 20℃时就会夏眠。非洲马达加斯加岛上的箭猪、西班牙的草原龟也会在炎热干旱的时候进入夏眠。

海獭的小被子

生活在北太平洋寒冷海域的海獭也有独特的睡觉方式。夜晚，它们会找到一个长满海藻的地方，在海藻丛中连连打滚，将海藻缠绕在身上。或者抓住海藻，把海藻当作自己的被子盖上后再睡觉，这样可避免在沉睡中被大浪冲走或沉入海底的危险。

抢劫小能手

黑腹军舰鸟的羽毛上没有油脂，羽毛一旦被海水打湿会导致其溺水，因此黑腹军舰鸟不会潜入水中捕食。它们的食物来源主要靠抢夺其它鸟类（鲣鸟、鹈鹕和鹲等）的食物，其中20% 的食物抢夺自图中这种红脚鲣鸟。

趣味充值

走一走

这只达乌尔黄鼠迷路了，请为它找到回家的路。

疯狂

动物

爱群聊

绝技群：动物也有独门绝技

王建艳
张茜楠 著
沙棠文创 绘

天地出版社 | TIANDI PRESS

图书在版编目（CIP）数据

疯狂动物爱群聊 / 王建艳，张茜楠著；沙棠文创绘. — 成都：天地出版社，2024.4
ISBN 978-7-5455-8061-7

Ⅰ. ①疯… Ⅱ. ①王… ②张… ③沙… Ⅲ. ①动物—儿童读物 Ⅳ. ①Q95-49

中国国家版本馆CIP数据核字（2023）第247624号

FENGKUANG DONGWU AI QUNLIAO
疯狂动物爱群聊

出品人　杨　政
著　者　王建艳　张茜楠
绘　者　沙棠文创
总策划　陈　德
策划编辑　王　倩　刘静静
责任编辑　王　倩　刘静静
美术编辑　周才琳
营销编辑　魏　武
责任校对　杨金原
责任印制　刘　元　葛红梅

出版发行　天地出版社
（成都市锦江区三色路238号　邮政编码：610023）
（北京市方庄芳群园3区3号　邮政编码：100078）
网　址　http://www.tiandiph.com
电子邮箱　tianditg@163.com
经　销　新华文轩出版传媒股份有限公司

印　刷　北京瑞禾彩色印刷有限公司
版　次　2024年4月第1版
印　次　2024年4月第1次印刷
开　本　710mm × 1000mm 1/16
印　张　18
字　数　272千字
定　价　100.00元（全4册）
书　号　ISBN 978-7-5455-8061-7

咨询电话：（028）86361282（总编室）
购书热线：（010）67693207（营销中心）

如有印装错误，请与本社联系调换。

目录 contents

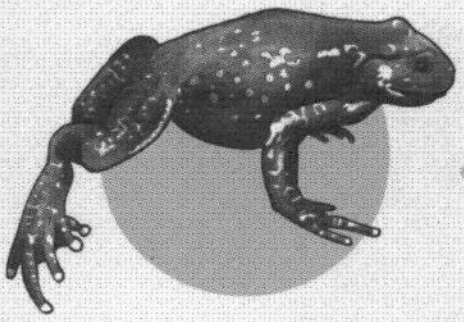

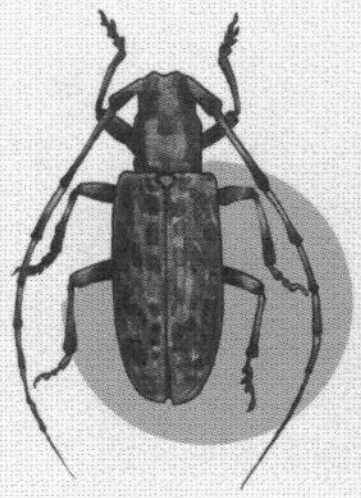

绝技群：动物也有独门绝技

没有一两项绝技，还真不好意思出门

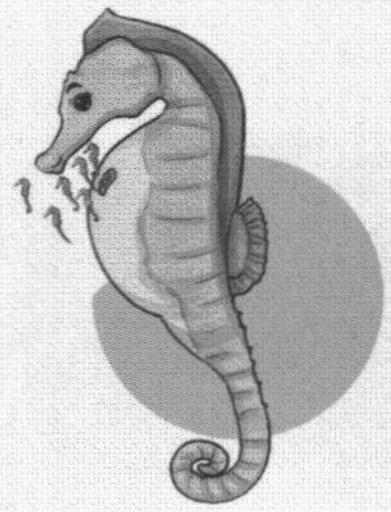

育儿群：动物们的育儿经

家家有本育儿经，页页写满父母爱

变身群：动物也爱玩变身

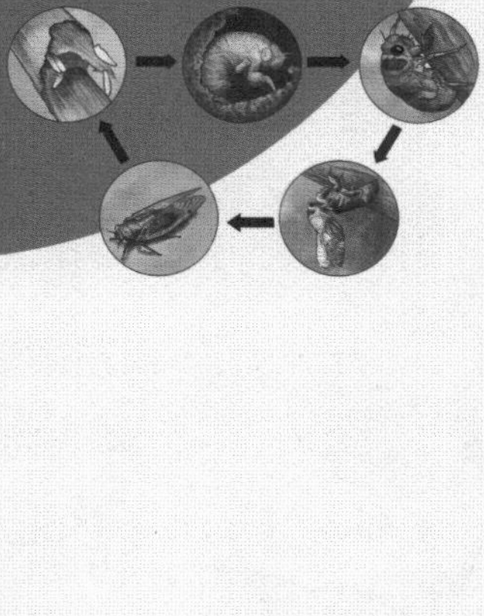

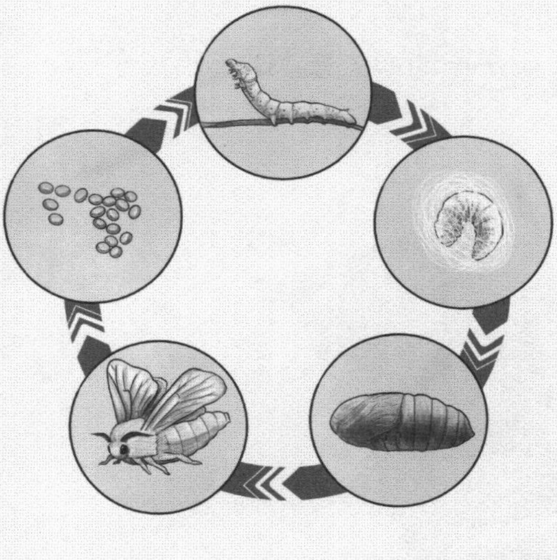

群公告

别着急，长大后我就成了你

有些动物的成长过程中有个十分有趣的现象，叫作变态发育。别误会，这个“变态”可不是指心理变态，而是指这些动物具备的一种改变外形的“变身魔法”。某些动物在胚后发育的过程中，在短时间内形态结构和生活习性上会出现一系列变化，这些变化十分显著，就像一场华丽的大变身，导致幼体与成体差别很大，让人很难相信是同一种动物。这就是变态发育。

大多数无脊椎动物会有变态发育，而脊椎动物中仅有部分鱼类和两栖类会出现变态发育。让我们一起去看看家蚕、周期蝉、东亚飞蝗和红点齿蟾这四种动物到底是怎么实现变态发育这场华丽变身的吧！

19:30 36%

朋友圈

家蚕

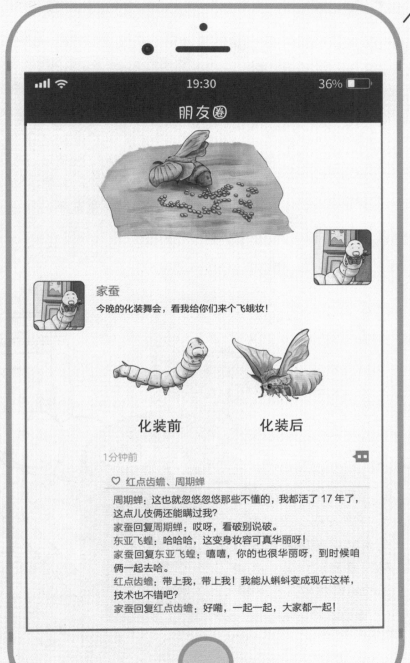

今晚的化装舞会，看我给你们来个飞蛾妆！

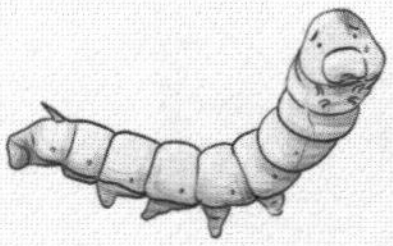

化装前

化装后

1分钟前

♡ 红点齿蟾、周期蝉

周期蝉：这也就忽悠忽悠那些不懂的，我都活了 17 年了，这点儿伎俩还能瞒过我？

家蚕回复周期蝉：哎呀，看破别说破。

东亚飞蝗：哈哈哈，这变身妆容可真华丽呀！

家蚕回复东亚飞蝗：嘻嘻，你的也很华丽呀，到时候咱俩一起去哈。

红点齿蟾：带上我，带上我！我能从蝌蚪变成现在这样，技术也不错吧？

家蚕回复红点齿蟾：好嘞，一起一起，大家都一起！

变身动物的化装舞会

我叫家蚕，来自节肢动物门昆虫纲鳞翅目大家庭，老家在中国，现在在温带、亚热带和热带地区都有我们家族成员的身影。我吐的丝可以制成美丽的丝绸，人类很喜欢我。
我叫红点齿蟾，也叫棒头鱼、透明鱼，是两栖纲无尾目锄足蟾科大家庭的一员，是中国的特有物种。

“我叫东亚飞蝗，同样来自节肢动物门昆虫纲大家庭，但我属于直翅目蝗科。我们的身体通常有3~5厘米长。”
“我叫周期蝉，和家蚕一样，也是节肢动物门昆虫纲大家族的一员，不过我属于半翅目蝉科。我们的身体通常有2~5厘米长，生活在北美洲。”

家蚕 变身秘诀：蜕皮、吐丝、结茧、化蛹、成蛾

家蚕的一生要经历受精卵、幼虫、蛹、成虫四个阶段，每个阶段的形态完全不同，属于完全变态发育的昆虫。

家蚕是典型的以卵滞育昆虫。受精卵在胚胎发育期停止发育，出现滞育现象，一直到第二年的春天才会解除。大部分滞育卵在低温环境下，可以存活 3~6 个月，有些甚至 1~2 年仍有活性。

由受精卵孵化出来的幼虫非常小，身体表面有一层黑毛。幼虫稍稍长大一些就开始蜕皮，等黑毛皮蜕掉，幼虫就变成了灰色。家蚕的身体表面覆盖着一层表皮，形成外骨骼保护身体。这层表皮无法伴随躯体生长，因此家蚕幼虫长到一定阶段就要将旧表皮蜕掉，换上新的表皮。

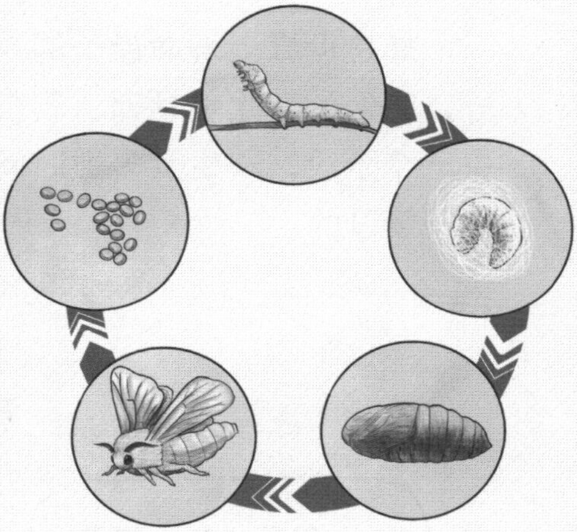

家蚕幼虫要经历四次生长蜕皮，才开始吐丝结茧，蚕在茧中化蛹。化蛹和蚕蛹羽化的过程中还要发生两次变态蜕皮。蚕蛹经过约两周羽化成蛾，破茧而出，雌雄蛾交尾后雌蛾产卵。

周期蝉 长年隐居地下，努力修行待变身

蝉是世界上寿命最长的昆虫之一，它们的一生包括卵、若虫、成虫三个阶段，一生大多数时间是在地下度过的。

蝉的若虫一般在地下生活 2~3 年，长的要 5~6 年，有些甚至要十几年。若虫每年在 5~8 月破土而出后，就沿着树干向上爬行，3~4 小时后，开始蜕皮，羽化成为成虫。成虫沿着树干继续向上爬，一直爬行到树冠上，吸取树木汁液补充营养。

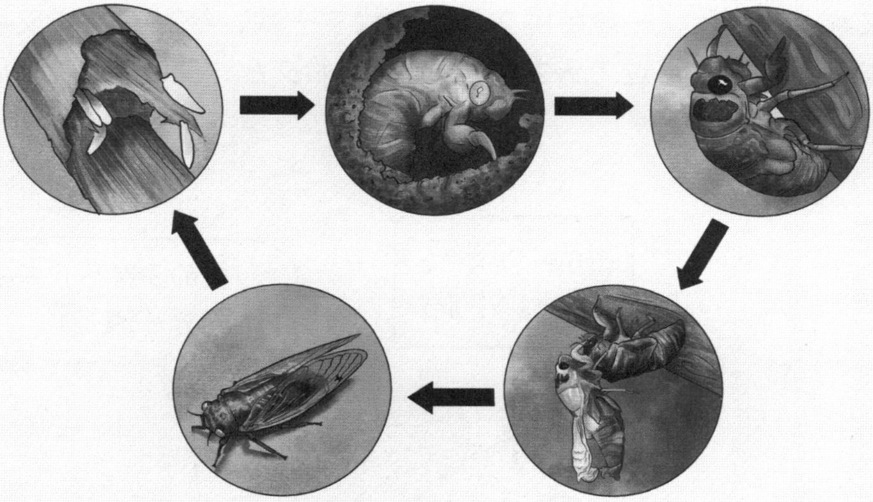

雄性成虫善于鸣叫，爬到树冠后，依靠鸣叫声吸引异性前来交配。雌性成虫一般在 7 月产卵，从羽化到产卵需 15~20 天。来年 4~5 月，枯树枝上的蝉卵开始孵化成若虫。若虫掉落到地上后，钻进土里，开始数年的蛰伏生活。

在北美洲生活着一种周期蝉，它们每隔 13 年或 17 年集中从地下破土而出，每平方米数量可达 350 只，因此又叫“13 年蝉”或“17 年蝉”。周期蝉可能是若虫发育期最长的昆虫。

东亚飞蝗 强大繁殖力，泛滥成灾

蝗虫的发育属于不完全变态发育，它们的一生包括卵、若虫、成虫三个阶段。蝗虫卵一般 14~20 天孵化为若虫。蝗虫的若虫又称“蝗蝻”，一般每隔 7 天左右蜕皮一次，经过五次蜕皮后发育为成虫。再过 7 天左右， 成虫开始交配，交尾约 14 天后开始产卵。

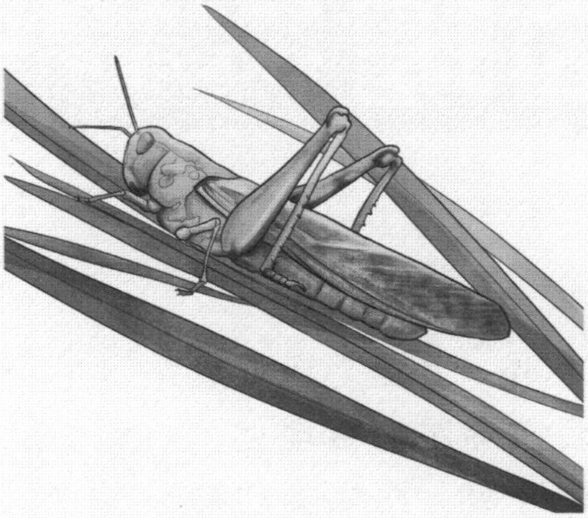

东亚飞蝗是一种主要分布在东南亚地区的蝗虫，它们啃食禾本科植物对农业造成比较大的危害。东亚飞蝗 1 年可以产生 2 代，在海南地区甚至可以产生 4 代。雌性成虫每代可产卵多次，一生平均可产卵总数在 300~400 粒。个别夏蝗产卵总数可达 1000 多粒。

东亚飞蝗分为群居型和散居型，随着种群密度的改变也会发生散居型和群居型之间的互变。群居型的东亚飞蝗常常引发蝗灾。在人类历史上，水灾、旱灾、蝗灾常交错发生，成为威胁农牧业生产、影响人民生活的三大自然灾害。

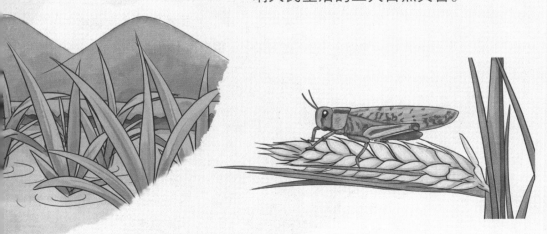

红点齿蟾 是蝌蚪不是鱼，长大后大变样

两栖类动物的幼体生活在水中，用鳃呼吸。成体既能生活在水中，也能生活在潮湿的陆地上，主要用肺呼吸，兼用皮肤辅助呼吸。两栖类动物如洞螈、大鲵、青蛙、蟾蜍等都有变态发育。

红点齿蟾是当今世界上非常稀有的洞穴两栖动物，也有变态发育，分为受精卵、蝌蚪、幼蛙、成蛙四个阶段。当红点齿蟾是蝌蚪形态时，它们长期活动于喀斯特洞穴的暗河中，皮肤通透无颜色，眼部较小，一度被误认为是一种“透明鱼”。成体白天躲在洞中，晚上外出觅食。

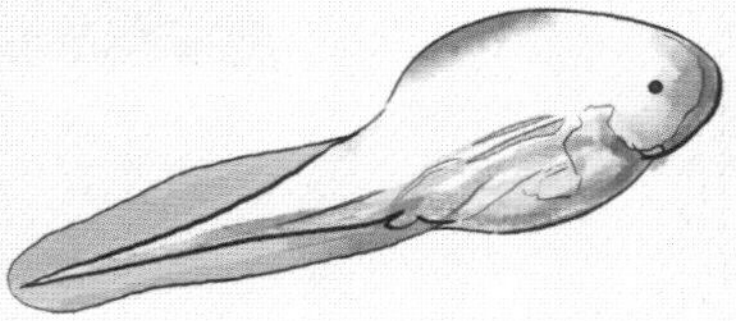

红点齿蟾从受精卵到成体的变态发育过程为5年，是变态发育过程时间较长的物种。其蝌蚪在水中生活4年以后，开始长出后肢，后肢长出约4个月时出现前肢，再经过一段时间尾巴逐渐缩短变细，直到完全消失，变态发育完成。

知识卡包

家蚕的生理期

家蚕的生长过程可以分为营养生理期和生殖生理期。幼虫期属于营养生理期，主要是为成虫期获取营养物质，储备能量；成虫期主要是为了交配和产卵，繁衍后代，属于生殖生理期。

17 年蝉的秘密

目前科学家还不能完全揭示周期蝉以 13 年或 17 年为周期的秘密。科学家推测它们可能是为了更好地躲避天敌，因为 13 和 17 是质数（就是只能被 1 和本身整除的数），可以有效地避免和天敌的生命周期重叠。

100以内的质数表：
2，3，5，7，11，13，17，19，23，29，31，37，41，43，47，53，59，61，67，71，73，79，83，89，97

强大的孤雌生殖

东亚飞蝗还能孤雌生殖。这是一种十分强大的生殖方式，即雌性蝗虫不用经过交配就可以产卵，孵化出的幼虫均为雌性。幼虫长大后可正常交配产卵，也可以继续进行孤雌生殖繁衍后代。

濒危的红点齿蟾

红点齿蟾在世界自然保护联盟《2004 年濒危物种红色名录》中被列为易危物种，2016 年《中国物种红色名录》中将其列为易危物种。

趣味充值

圈一圈

请圈出下图中不属于昆虫的动物。

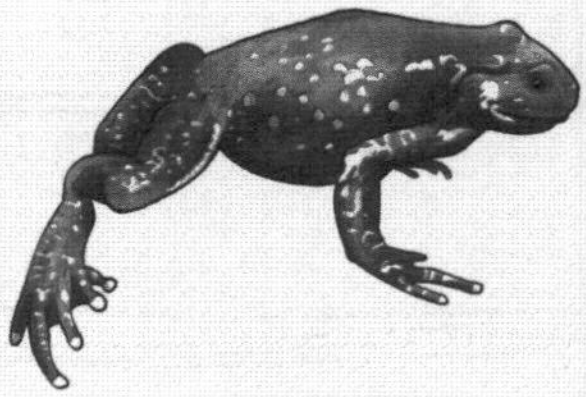

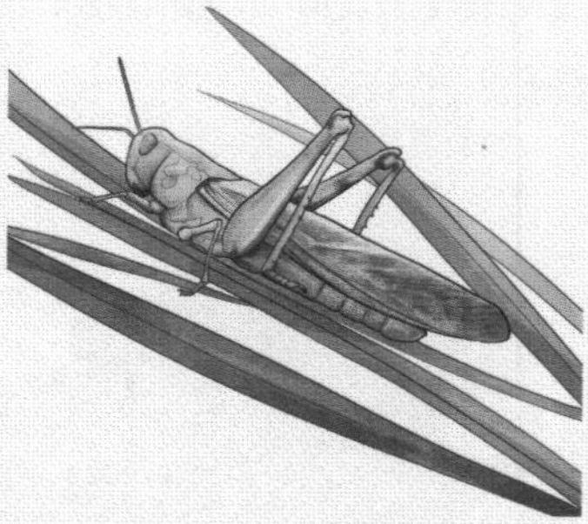

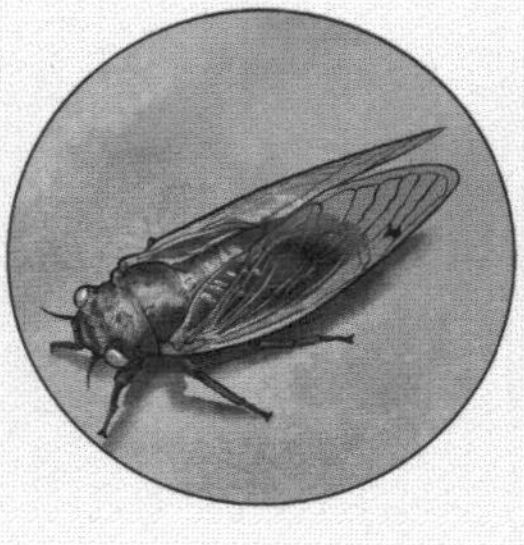

答案　红点齿蟾

求偶群：动物的求偶大作战

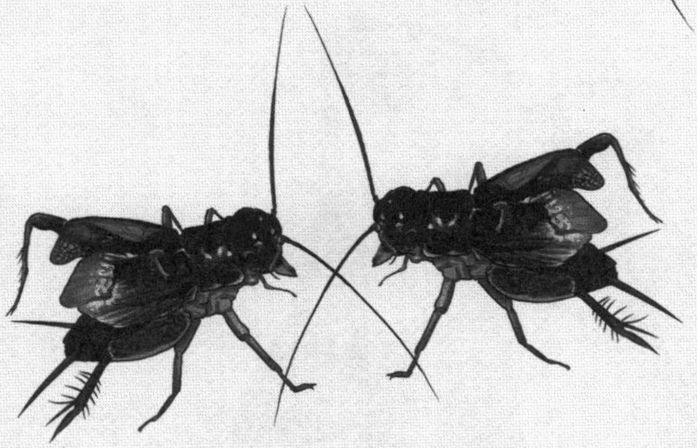

群公告

十八般武艺齐上阵，花样百出求佳偶

求偶行为是动物繁殖过程的重要环节，也被称为交配前行为，指交配前雌雄一方为了获得配偶，而尽力展现自己使另一方做出选择的整个过程。求偶是动物界永恒不变的话题，保证了后代繁衍和种群的顺利延续。为了能顺利求得配偶，动物更是绞尽脑汁、费尽心机，玩出各种花样。比如，蟋蟀会展现自己嘹亮的歌喉，凤头䴙䴘（pì tī）会跳起优雅的芭蕾舞，园丁鸟充分发挥建筑才能，松墨天牛则释放信息素吸引配偶。

9:44 90%

朋友圈

园丁鸟

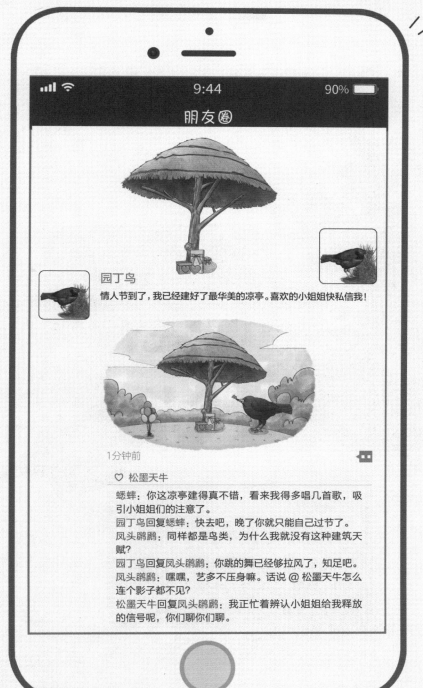

情人节到了，我已经建好了最华美的凉亭。喜欢的小姐姐快私信我！

1分钟前

♡ 松墨天牛

蟋蟀：你这凉亭建得真不错，看来我得多唱几首歌，吸引小姐姐们的注意了。

园丁鸟回复蟋蟀：快去吧，晚了你就只能自己过节了。

凤头䴙䴘：同样都是鸟类，为什么我就没有这种建筑天赋？

园丁鸟回复凤头䴙䴘：你跳的舞已经够拉风了，知足吧。

凤头䴙䴘：嘿嘿，艺多不压身嘛。话说 @ 松墨天牛怎么连个影子都不见？

松墨天牛回复凤头䴙䴘：我正忙着辨认小姐姐给我释放的信号呢，你们聊你们聊。

求偶动物的交流讨论会

我是园丁鸟，和凤头䴙䴘一样属于脊索动物门鸟纲大家族，但我属于雀形目。我们身高通常为27~33厘米，主要生活在澳大利亚、新几内亚及周边岛屿。
我叫凤头䴙䴘，属于脊索动物门鸟纲䴙䴘目家族。我们身高通常为45~50厘米，欧洲、亚洲、非洲、大洋洲都有我们的身影。

“我是**蟋蟀**，来自节肢动物门昆虫纲直翅目大家族。我们的身长通常为2.2~2.8厘米，喜欢生活在东南亚、地中海沿岸及非洲北部。我们家族的雄性个体都有一副好嗓子。”

“我叫**松墨天牛**，和蟋蟀一样属于节肢动物门昆虫纲，但我是鞘翅目家族的一员。我们的身体长度通常为1.5~3厘米，在中国、日本、韩国、朝鲜等东亚国家都有我们的家族成员。”

蟋蟀 野外好声音，求偶全靠吟

蟋蟀，常见的种类为黄脸油葫芦。蟋蟀还有一个文雅的名字叫促织，之所以叫这个名字，是因为蟋蟀一般在立秋之后鸣叫，古代勤劳的妇女听到蟋蟀的叫声后，便知道寒冬将要来临，于是日夜加紧纺织，准备寒衣。这个名字体现了蟋蟀的特点——爱鸣叫。

就像人类用语言进行交流，自然界的动物也是通过各种声音进行种群和个体间的信息交流，蟋蟀发出的鸣叫声也是这样的作用。蟋蟀通过摩擦翅发声，而且只有成年雄性的蟋蟀才会发出鸣叫声，幼虫和雌性个体是不能发声的。

蟋蟀的鸣叫声类型包括召唤声、求偶声、争斗声、报警声和胜利声等。平时我们在野外听到的蟋蟀鸣叫声多为召唤声，雄蟋蟀就靠这种声音来吸引雌蟋蟀。当雄蟋蟀确认靠近的雌蟋蟀是同种个体时，鸣叫声就变成求偶声，诱发雌蟋蟀的配偶行为。雄蟋蟀通过鸣叫声传递自身身体质量优劣的信号。体重越重的雄蟋蟀鸣叫强度越大。雄蟋蟀的鸣叫声还可以干扰其他个体，驱赶竞争者。

我国民间搏戏之一的“斗蟋蟀”，所用的是蟋蟀科中的迷卡斗蟋，俗名又叫“蛐蛐儿”，该品种的上颚很发达，具有较强的斗性。

凤头䴙䴘

求偶花样我最炫，
两“禽”相悦跳芭蕾

动物界中，鸟类求偶炫耀的方式最为复杂多样。雄鸟通过做各种动作和行为来吸引雌鸟与之交配，从而实现自己遗传物质的传递。其中凤头䴙䴘的求偶方式非常具有代表性。

凤头䴙䴘俗名水驴子，是一种经常栖息在池塘、湖泊里的游禽。凤头䴙䴘为一夫一妻制，每年5月产卵繁殖。雄鸟与雌鸟的外形和羽色差别不大，雄鸟通过求偶鸣叫和婚舞两种方式进行求偶。

求偶时，雄性凤头䴙䴘首先会发出“咕噜噜、咕噜噜”的叫声引起雌鸟的注意。一开始雌鸟毫无表示，需要雄鸟重复多次后雌鸟才会有所回应。然后，雌鸟和雄鸟会一起游泳，在水面上演绎姿势优美的“双人舞”。凤头䴙䴘的水上舞蹈非常优美：雌鸟和雄鸟面对面站立在水中，利用双脚的蹼在水面跳出一段类似芭蕾舞蹈的舞步。同时嘴里还会衔着一小撮水草作为送给对方的礼物。

园丁鸟 鸟类建筑专家，动物求偶高手

园丁鸟是一种具有特殊筑巢行为的鸟类。繁殖期到来的时候，雄性园丁鸟会在其鸟巢边的空地上将枝条整理成束，搭建一个中空的凉亭。凉亭建成后，雄性园丁鸟会在亭前跳舞，吸引雌鸟前来交配。因此园丁鸟又称凉亭鸟。

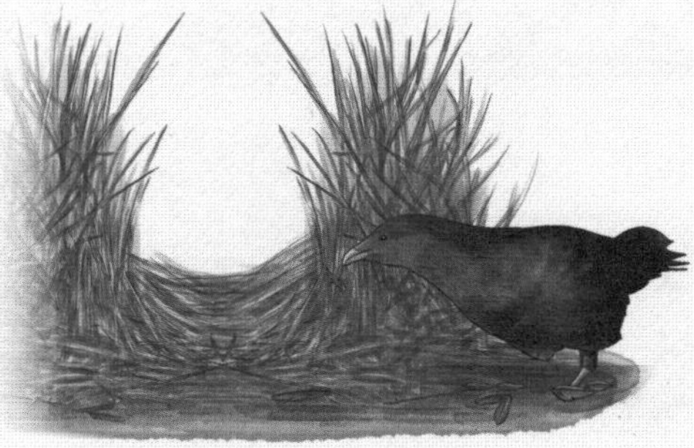

而且雄鸟会在凉亭前的空地上铺满石子、鲜花、贝壳等各种颜色鲜艳的装饰。凉亭的质量和装饰物的豪华程度决定了受雌鸟青睐的程度。

本页所绘为园丁鸟中的缎蓝园丁鸟，它们非常喜欢用蓝色或紫色的物体装饰凉亭。对它们来说最有吸引力的装饰材料是蓝色鹦鹉羽毛和蜗牛壳。缎蓝园丁鸟还会咀嚼蓝色植物，将植物与唾液的混合物涂到凉亭的内壁上。离居民区较近的缎蓝园丁鸟还会去偷盗人类的小物件，如蓝色的饮料瓶盖等用来装饰凉亭。为了获得竞争优势，雄性缎蓝园丁鸟还常常会偷盗其他雄鸟凉亭里的装饰物，甚至破坏其他的雄鸟搭建的凉亭。

松墨天牛

信息素牵红线，一雌一雄成佳偶

松墨天牛又叫松褐天牛，是天牛科昆虫，它们通过信息素求偶。信息素分为挥发性信息素和非挥发性信息素。挥发性信息素有两类：一类叫聚集信息素，由雄虫产生，用来吸引两性聚集，作用距离较长；另一类叫性信息素，由雌虫产生，仅用来吸引雄虫，作用距离较短。非挥发性信息素主要是雌虫体内产生的接触性信息素，作为雌雄同种个体生殖交配的识别信号。

我吸引你，你吸引我，信息素把我们相聚在一起！

松墨天牛求偶交配时，先是雌虫感受到远处雄性释放的聚集素后向雄虫靠近，然后雄虫因感受到近距离内雌虫释放的性信息素而变得兴奋，从而产生交配行为。

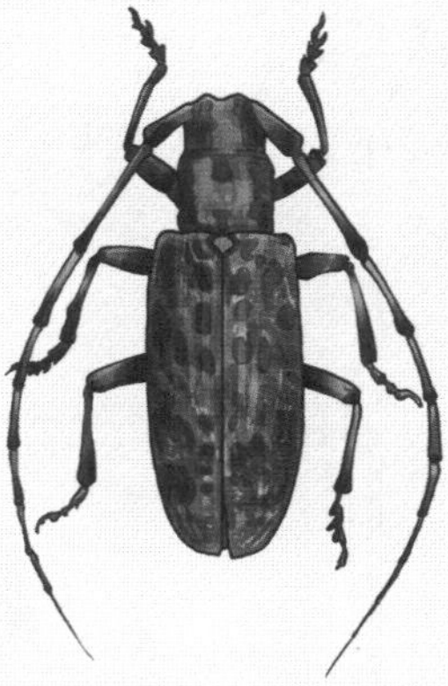

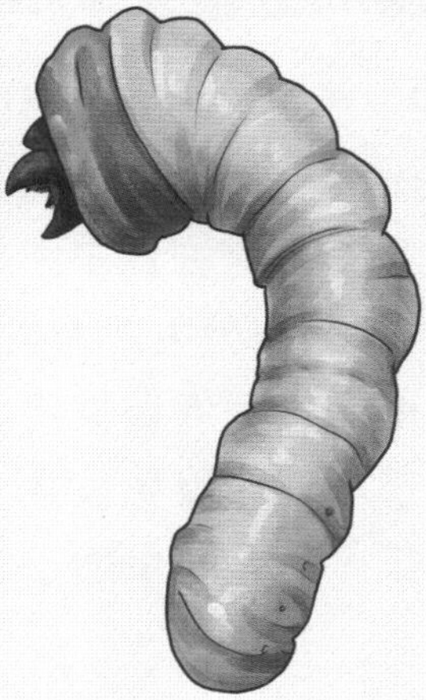

松墨天牛是我国松林的重要蛀干害虫。幼虫通过蛀蚀松树的韧皮部和木质部，破坏输导组织，影响松树水分和养分的运输，最终引起松树枯死。松墨天牛还是松材线虫的主要传播媒介，松材线虫能引发松材线虫病，是松树的一种毁灭性流行病害，会导致松树大量死亡。科学家通过研究松墨天牛的繁殖行为，利用雄性天牛产生的聚集性信息素诱捕雌性成虫，对其种群数量进行控制。

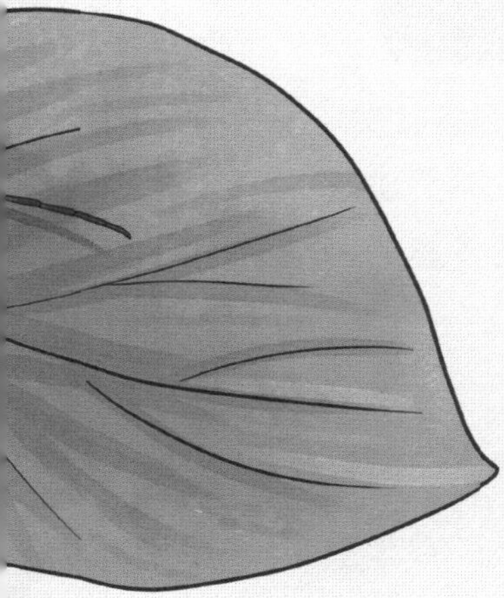

知识卡包

昆虫的声音是怎么发出来的？

根据发声机制，昆虫的发声可分为昆虫身体敲击其他物体发声、膜震动发声、空气在昆虫体内运动发声、摩擦发声等。摩擦发声在昆虫中最为常见。摩擦发声又可以分为两大类：第一类是前翅与前翅相互摩擦发声，第二类是后足腿节与前翅摩擦发声。蟋蟀的发声属于第一类，蝗虫属于第二类。

鸟类求偶花样大集合

鸟类的求偶方式之多，简直让人眼花缭乱。比如，园丁鸟通过建造精美居舍的方式求偶；凤头䴙䴘跳求偶舞来获得异性的青睐；孔雀选择展示华丽多彩的羽饰来吸引异性；斑鸠则是用“戏飞”“婚飞”等飞舞方式求偶；蓝脚鲣鸟则会在求偶时竖起尾羽，并抬起一只脚炫耀脚面鲜艳的蓝色……

一夫多妻制的园丁鸟

园丁鸟多采取一夫多妻制的交配方式。雄性园丁鸟的凉亭和鸟巢只是用来吸引雌鸟前来交配。等完成交配后，雌鸟便会离开去别的地方筑巢，独自孵卵和照顾后代。而雄鸟会继续装修巢穴，用来吸引其他雌鸟。

自杀式交配

螳螂在某些特殊的时候（如雌虫非常饥饿时）会进行一种罕见的求偶交配：雄螳螂在与雌螳螂交配时会被雌螳螂咬掉头，而在雌螳螂专心致志地大吃前来求偶的雄螳螂时，雄螳螂会趁机将精荚送入对方体内，完成交配。

趣味充值

圈一圈

请圈出下图中靠建造华丽“凉亭”来吸引配偶的动物吧！

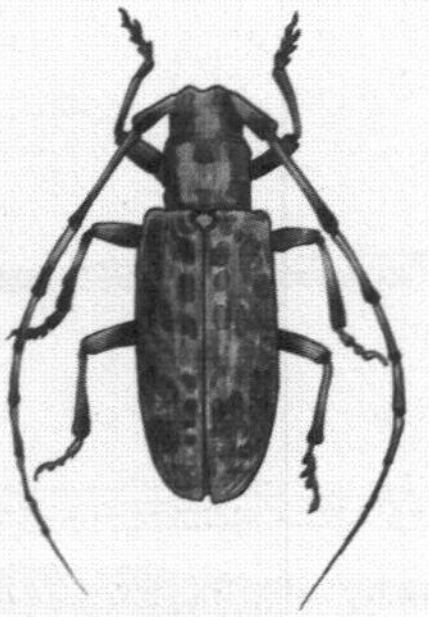

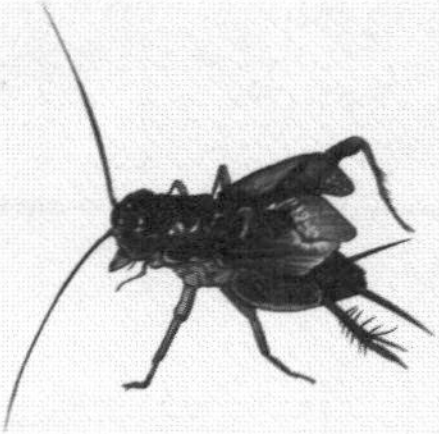

答案 园丁鸟

绝技群：

动物也有独门绝技

没有一两项绝技，还真不好意思出门

除了生存所需的基本技能，有些动物大佬还掌握着一些独门绝技。比如，有的歌声宛如天籁，还能随意模仿其他声音；有的身手灵活矫健，简直能飞檐走壁；有的拥有优秀的建筑技巧，堪比建筑大师；有的进食飞快、食量惊人……它们个个手法娴熟、技巧专业，令其他动物望尘莫及。不得不说，现如今的动物界“内卷”太严重了，没有点儿傍身的本事，还真是混不下去了！

12:00 78%

朋友圈

琴鸟

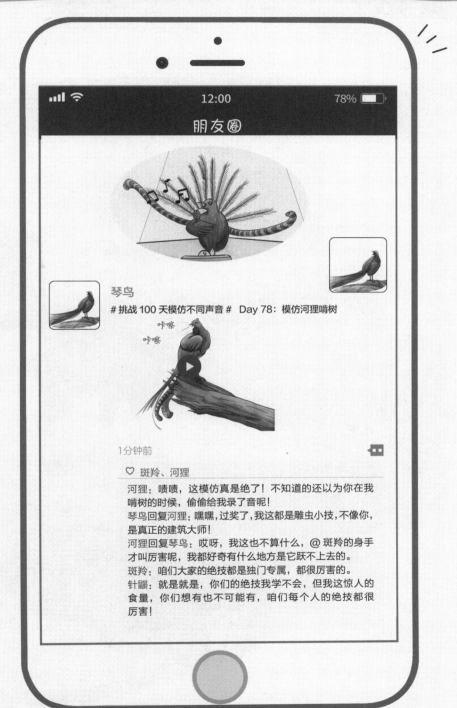

挑战 100 天模仿不同声音 # Day 78：模仿河狸啃树

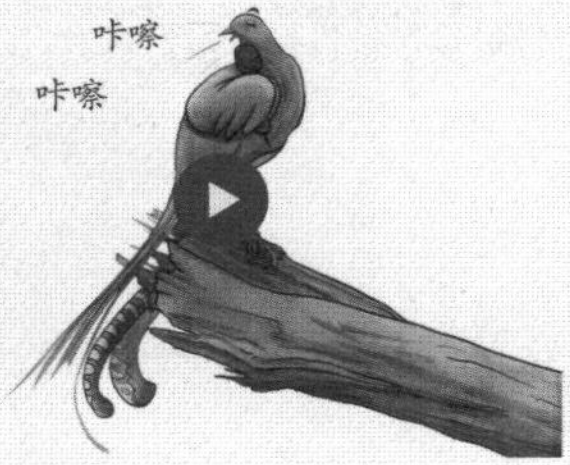

1分钟前

♡ 斑羚、河狸

河狸：啧啧，这模仿真是绝了！不知道的还以为你在我啃树的时候，偷偷给我录了音呢！

琴鸟回复河狸：嘿嘿，过奖了，我这都是雕虫小技，不像你，是真正的建筑大师！

河狸回复琴鸟：哎呀，我这也不算什么，@ 斑羚的身手才叫厉害呢，我都好奇有什么地方是它跃不上去的。

斑羚：咱们大家的绝技都是独门专属，都很厉害的。

针鼹：就是就是，你们的绝技我学不会，但我这惊人的食量，你们想有也不可能有，咱们每个人的绝技都很厉害！

有绝技动物的炫技大会

“我叫**斑羚**，来自哺乳纲偶蹄目大家族，是植食性动物，主要生活在亚洲，通常身长80~130厘米。”

“我叫**河狸**，和斑羚一样属于哺乳纲植食性动物，但我是啮齿目家族的一员，主要生活在美洲北部和欧洲；我们的身长不包括尾巴在内，通常有80~120厘米。”

独门绝技炫技大会
“我叫琴鸟，属于鸟纲雀形目家族，是杂食性鸟类，主要生活在澳大利亚东南部地区；不包括尾羽在内，我们的身长通常有74~98厘米。”
“我叫针鼹，也是哺乳纲动物，但来自单孔目大家族，而且我是肉食性动物。在澳大利亚东部、塔斯马尼亚岛和新几内亚地区都能看到我们家族成员的身影，我们体长通常为30~45厘米。”

琴鸟 林中有善“口技”者

琴鸟是一种体形很大的鸟类，它们的羽毛通常是浅褐色的，擅长奔跑却很少飞行。雄性琴鸟的尾羽巨大，展开时就像一把精美的古典竖琴，琴鸟的名字就是这么来的。

啦啦啦，我是森林歌唱家，模仿原创都在行！
鸟类好声音

琴鸟的鸣叫声十分悦耳，歌喉胜过黄鹂和百灵。它们还拥有高超的口技，模仿能力堪称一绝。琴鸟全年都在唱歌，演唱曲调复杂多变。每年 6~8 月是琴鸟的繁殖季节。在这个时期它们唱歌的强度达到最高，为了吸引心仪的雌性，雄性琴鸟会连续不停地唱上几个小时。

琴鸟的歌声混合了自己的鸣叫和对其他鸟类的模仿。它可以模仿超过 20 种鸟类的声音，连被模仿的鸟儿也听不出区别。技艺更高超的琴鸟还能模仿自然界其他物种的声音，比如蛙鸣、狗吠以及考拉嘶吼。

研究发现，琴鸟还可以模仿人类社会发出的声音，比如汽车喇叭声、火灾警报声、电锯声，甚至婴儿哭泣声。

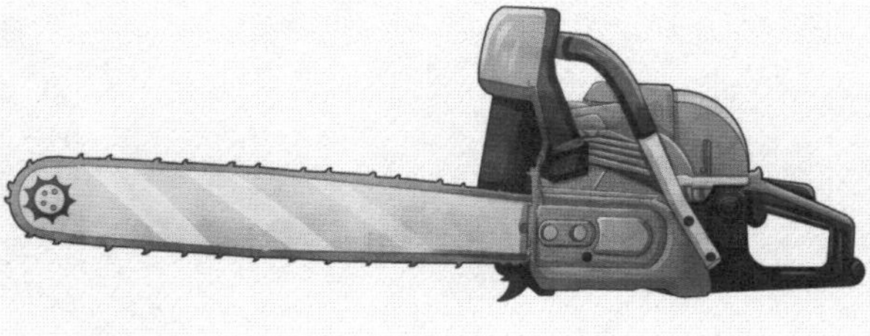

雌性琴鸟也是出色的演唱家，歌声和模仿能力都不差。不过雌性琴鸟不需要求偶，所以它们热衷于唱歌的原因仍是未解之谜。科学家猜测，雌性琴鸟可能是用歌声来宣示其领地范围，警告在周边活动的同类；也有人认为，雌鸟会用模仿技能来抵御天敌、保护鸟巢。

斑羚 山间奔跑，如履平地

斑羚的外形类似山羊，但属于牛科成员。它们身体的颜色通常从浅灰色到红棕色不等，喉咙下侧有浅色的斑块。不管是雌性还是雄性的斑羚都长有角，角很短，朝向身体的后方。斑羚是典型的林栖哺乳动物，常常在山地针叶林、针阔叶混交林和常绿阔叶林的悬崖峭壁间出没。

斑羚生性机警，视觉和听觉非常灵敏。白天它们先隐蔽在视野开阔又离取食地点不远的地方，活动前先往四周窥探，确认没有危险才慢慢前进。一旦受到惊吓便马上飞奔，并窜入隐蔽处躲藏起来。

斑羚的四肢粗壮，蹄子狭窄，特别适合攀登，行动矫健且轻盈，能在悬崖峭壁上奔跑、跳跃，在山势险峻、林密水急的地方奔跑也如履平地。斑羚既能悠闲行走，也可以“飞檐走壁”，即使纵身跳下十几米高的山涧也能安然无恙。

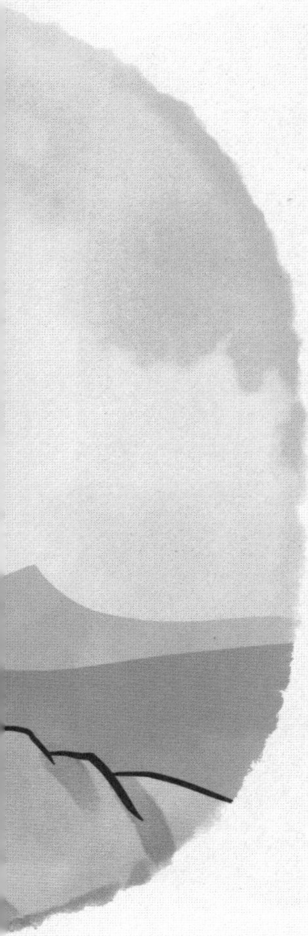

河狸 水利工程我最行

河狸是体形第二大的啮齿动物，仅次于水豚。它们身体粗壮，皮毛稠密，毛皮颜色通常是棕色或灰色。河狸的脑袋大，眼睛小，门牙粗大像长长的凿子。虽然河狸看起来外表蠢萌，但它们改造栖息环境的能力很强，拥有“动物界的水坝工程师”之称。

河狸建造水坝的主要目的是防范天敌，比如狼、狐狸和熊。它们会在湖泊或溪流中利用树枝、草、石块和软泥建造水坝，挡住水流，形成平静的“水库”，并在里面建立巢穴用作避难所。河狸不仅会建筑复杂的堤坝，还会建造水渠来运输建造巢穴和水坝所需的材料。

河狸习惯在夜里开工，它们是高生产力的工程师，一只河狸大约用两小时就能把一棵直径 40 厘米的树啃倒。河狸会沿河流垒砌一系列的水坝，水坝平均长二十几米，最长的超过 600 米。水坝如果被破坏，整个家庭的成员都会参与修补工作，河狸可以连续几代不停地修补和延长水坝。所以如果要拆除水坝，必须先将河狸迁走。

针鼹 传说中的资深吃货

针鼹是最原始的哺乳动物之一，与鸭嘴兽一样属于单孔目现存的珍稀动物。针鼹的体表布满长短不一的硬刺，外形很像刺猬或豪猪。

针鼹是出了名的资深美食家，它们的嘴巴坚硬而细长，不过没有牙齿。针鼹的视力不好，但是舌头是捕食利器，它们的舌头长达 30 多厘米，灵活且有倒钩，可以伸出到鼻子之外 18 厘米远的地方。而且舌头弹性十足，移动速度非常快，大约每分钟伸出上百次。此外，针鼹的舌头上有丰富的黏液，既能起到润滑的作用，也有助于捕捉粘在鼻子上的昆虫。

针鼹主要以蚂蚁和白蚁为食，因此也被称为刺食蚁兽。它们的进食速度很快，而且食量大，大约可以在 10 分钟内摄入 200 克的蚂蚁。它们为了吃，每天可以外出十几个小时觅食，跋涉距离长达十几千米，算得上名副其实的“吃货”。

知识卡包

长寿的歌唱家

琴鸟是比较长寿的鸟，可以活 30 年。与其他雀形目鸟类相比，它们开始繁殖的时间也较晚，雌性琴鸟五六岁时开始繁殖，雄性要到 6~8 岁。琴鸟通常是“一夫多妻”，一只雄性能分别与若干雌性交配，而每只雌性琴鸟只会在鸟巢里下一个蛋，之后孵化超过 50 天的时间。幼鸟在两岁前外形相似，发育两年以后雄性才会长出华丽的尾羽。

酷爱团体生活的斑羚

斑羚有着比较规律的生活习惯，它们喜欢群居，外出觅食、活动总是结成小团队。比较有趣的是，斑羚的活动范围比较小，它们会有相对固定的觅食和饮水地点，甚至还会在固定的地方排泄，所以经常会形成粪堆。而这些粪堆又可以作为同伴了解信息，或者走丢时寻找团队路径的线索。

善于游泳的水利专家

河狸在陆地上行动缓慢，但它们很擅长游泳和潜水。它们的后足较大，趾间有蹼，尾巴扁平似船桨，可以起到推进作用，也可以掌握方向。河狸出生两个小时后就会游泳，速度可以达到每小时 8 千米。它们还擅长潜水，可以憋气 12~15 分钟。

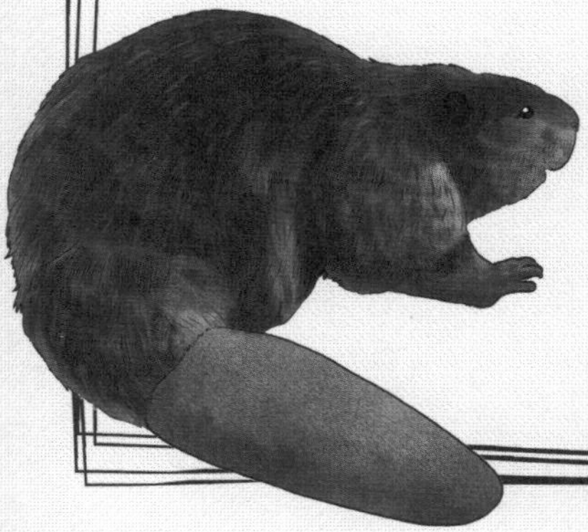

育儿袋里的小针鼹

作为哺乳动物，针鼹却是卵生的，这也是单孔目动物的特点之一。针鼹妈妈的肚子在怀孕时会慢慢形成一个育儿袋，等卵成熟后，它们就会蜷曲身体，先把泄殖腔对准育儿袋，将卵产入育儿袋，然后再慢慢孵化，一般 7~10 天，小针鼹就孵化出来了。针鼹跟鸭嘴兽一样，没有乳头，需要小针鼹的刺激，育儿袋内的皮肤上才会分泌乳汁。

趣味充值

猜一猜

头短眼小像松鼠，
最爱混交林里住；
擅长游泳好速度，
河里堤坝它来筑。

（打一哺乳动物）

选一选

下列动物中不属于哺乳纲的是（　　）。

A. 针鼹

B. 琴鸟

C. 斑羚

D. 河狸

答案 猜一猜：河狸　选一选：B

育儿群：动物们的育儿经

群公告

家家有本育儿经，页页写满父母爱

每个孩子的健康成长都离不开父母的精心呵护。不仅人类是这样，动物同样如此。不管是宝宝出生前，还是出生后，动物都会出自本能地、竭尽全力地保护和养育它们。为了更好地养育宝宝，不同动物演化出了一套套自己的育儿经：有的制作囊袋，从宝宝还是卵的时候就开始随身携带，随时保护它们的安全；有的生怕自己的宝宝受到一丁点儿伤害，就时刻把它们含在口里；有的则别具一格地由爸爸来繁殖和照顾宝宝；有的自己不会孵化和照顾宝宝，只好给宝宝找一对靠谱的养父母。

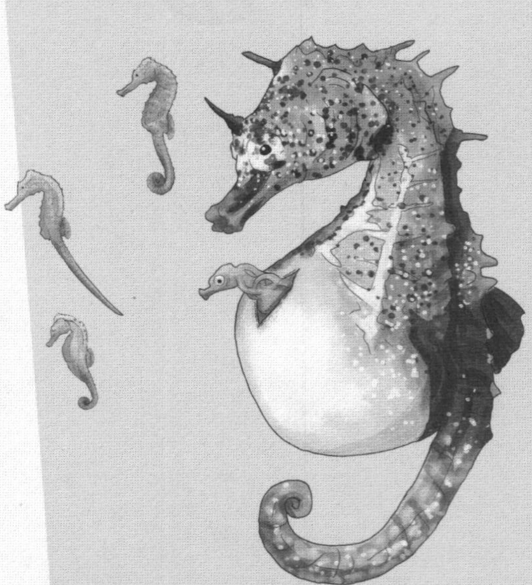

21:45 21%

朋友圈

星豹蛛

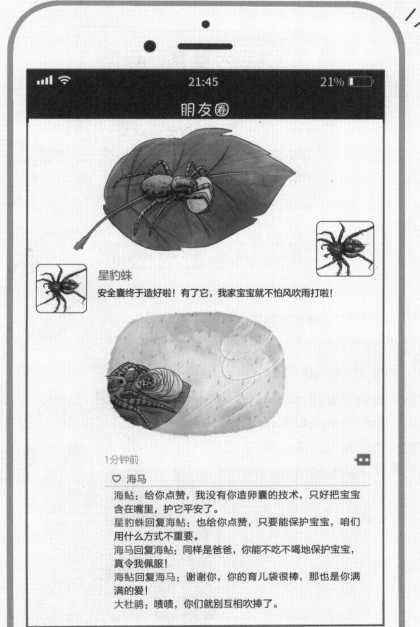

安全囊终于造好啦！有了它，我家宝宝就不怕风吹雨打啦！

1分钟前

♡ 海马

海鲇：给你点赞，我没有你造卵囊的技术，只好把宝宝含在嘴里，护它平安了。

星豹蛛回复海鲇：也给你点赞，只要能保护宝宝，咱们用什么方式不重要。

海马回复海鲇：同样是爸爸，你能不吃不喝地保护宝宝，真令我佩服！

海鲇回复海马：谢谢你，你的育儿袋很棒，那也是你满满的爱！

大杜鹃：啧啧，你们就别互相吹捧了。

育儿动物的下午茶

“我叫大杜鹃，我也是脊索动物门的一员，但我属于鸟纲鹃形目，地球上除了北极圈，亚非欧大陆都能见到我们家族成员的身影，我们身体通常长26~35厘米。”
“我叫海鲇，属于脊索动物门辐鳍鱼纲鲇形目，主要生活在印度洋到太平洋中部的海域，我们的身体通常长60~80厘米。”

我叫海马，和海鲇一样也属于脊索动物门，但我是辐鳍鱼纲刺鱼目家族的一员。我们家族的成员身体通常长 12~14厘米。
我叫星豹蛛，来自节肢动物门蛛形纲蜘蛛目大家族，我们家族成员的身体通常长 5~10 毫米，身体上有一些斑纹，我们喜欢捕杀农业害虫。

星豹蛛 爱你就把你背在身上

星豹蛛广泛分布在我国的长江和黄河流域，是一种具有独特携卵方式和护幼行为的蜘蛛。

在繁殖期时，雄蛛会进行多次交配，而雌蛛一般只交配一次，交配后 8～10 天便开始产卵。雌蛛交配一次可以多次产卵，每次产卵前，雌蛛会先吐丝编织一个褥层，再在这个褥层上面产卵。产完卵后，雌星豹蛛会围绕着卵旋转，织出新的褥层将卵包住，形成一个圆形的卵囊。接着，雌星豹蛛通过吐丝将卵囊粘在身上。它们会携带着卵囊到处游猎，直至卵孵化成小星豹蛛。

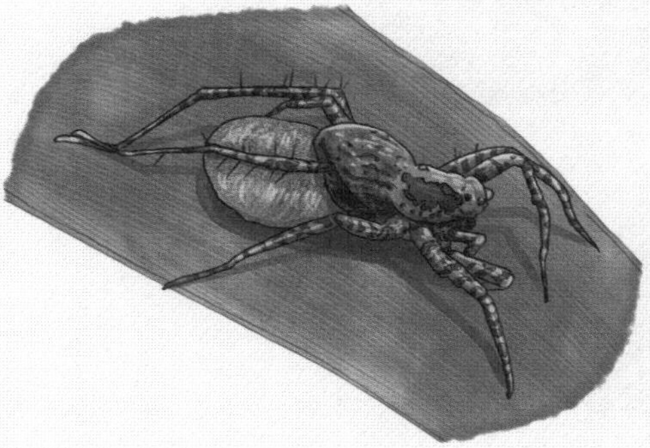

如果将雌星豹蛛与卵囊分开，它们会用步足奋力抱紧卵囊。如果最终卵囊被强制性地取下，雌蛛还会在丢失卵囊的地方不停徘徊寻找。

幼小的星豹蛛宝宝从卵中孵化出来后，会爬到雌星豹蛛的肚子上。星豹蛛妈妈会继续随身携带星豹蛛宝宝，直到几天后它们能下地自由活动。星豹蛛宝宝在星豹蛛妈妈身上时不需要进食，而是靠自身剩余的卵黄获取营养。

海鲇 爱你就把你含在口中

大多数海洋鱼类是通过将卵大量地产到体外，让其自然孵化成长来繁殖后代的。也有一些鱼类只产出少量的鱼卵，它们精心呵护抚养孵化的小鱼，以确保后代的繁衍。而海鲇则是一种特殊的口孵鱼类，它们将嘴作为庇护所孵化鱼卵、保护幼鱼。

小海鲇通常是在海鲇爸爸的口中完成孵化的，孵化期约 70 天。小海鲇孵化出来后，还会在海鲇爸爸口中继续生长，直到它们有自理和自卫能力后，才会从海鲇爸爸口中脱离出来。

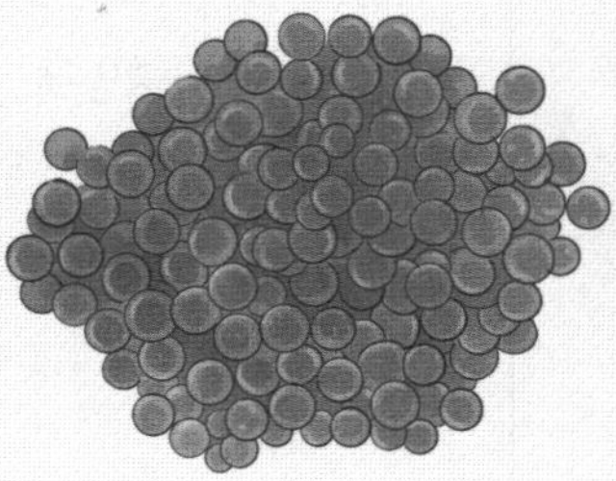

海鲇的卵又大又圆，长度通常有 15~18 毫米，是我国已知硬骨鱼类中卵粒最大的种类。海鲇的口腔也很大，口腔两侧还可以凸出去，很方便它们将鱼卵含在口中。

你问我爱你有几分，捧在手上怕摔了，含在口中怕化了。

海马 爱你就让爸爸生下你

海马是一种硬骨鱼，也叫马头鱼、龙落子，古代称为“水马”。其外形可以被形象地描述为“马头蛇尾瓦楞身体”。海马的婚姻为一夫一妻制，它们有一种与众不同的繁殖后代方式：海马宝宝是由海马爸爸生出来的。

雄海马的腹部长有一个育儿囊，当海马成长到性成熟时，雌海马会把卵子排到雄海马的育儿囊中受精。之后，雄海马会选择安静、光线暗、干扰少的环境进行孵卵。大概 15 天后，受精卵就在育儿囊中发育成小海马了。这时，育儿囊颜色变深，膨大成半球形。开始生产时，育儿囊口打开，海马爸爸不断拱背就把小海马从育儿囊中生出来了。

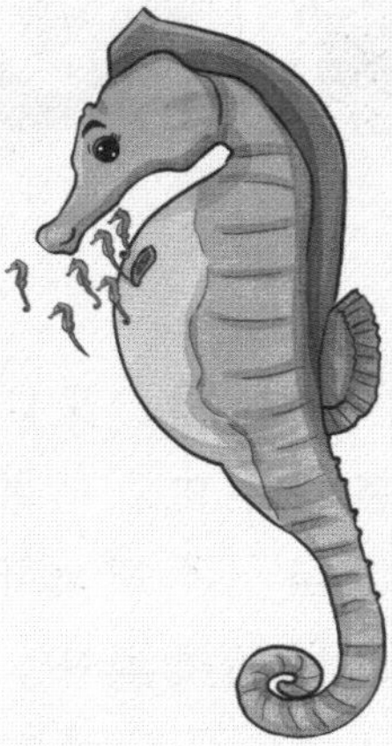

海马爸爸的生产过程可以分为三个阶段：第一个阶段海马爸爸迅速地反复伸直和弯曲身体，使小海马一只只从育儿囊中生出；第二个阶段海马爸爸吸水胀腹，一次可以喷出 20~30 只幼体；第三个阶段仍是吸水胀腹，但是一次仅产出 1~3 只幼体。整个生产过程耗时 5~6 个小时，可产生 80~180 只幼体。这期间如果有噪声等环境干扰，很可能会造成海马宝宝流产或者胎死腹中。

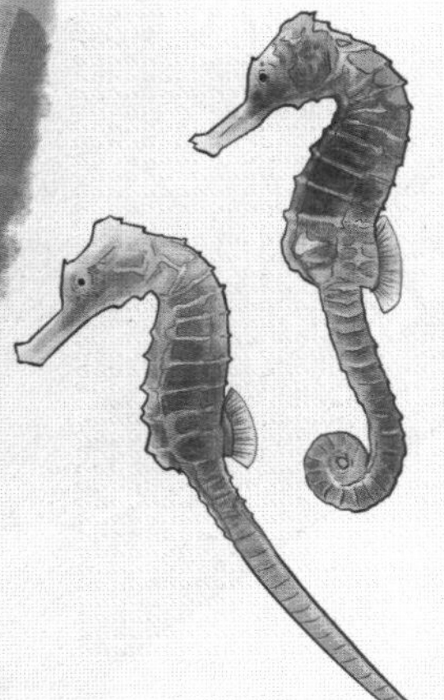

大杜鹃 爱你就给你找养父母

大杜鹃，又叫布谷、郭公，属于杜鹃科鸟类，嗜吃各种毛虫。杜鹃科鸟类是最为常见的巢寄生鸟类，它们自己不筑巢不孵卵，常将卵寄生于个体比较小的雀形目鸟类巢中，让其代为孵化和养育。据统计，目前在我国所记录的大杜鹃的宿主近 30 种，是迄今国内最常见、宿主多样性最丰富的寄生性杜鹃。

大苇莺是杜鹃最常寄生的对象。在漫长进化的过程中大杜鹃形成了巢寄生行为。

首先，大杜鹃与大苇莺的产卵时间相近，当大苇莺开始产卵时，它便在一边偷偷侦察，当发现大苇莺的巢内已有 1~2 枚卵时，便偷偷地将自己的卵产于巢内。有时候，实在等不及，大杜鹃也会将卵产在地上，再找机会把卵衔到鸟巢里去。

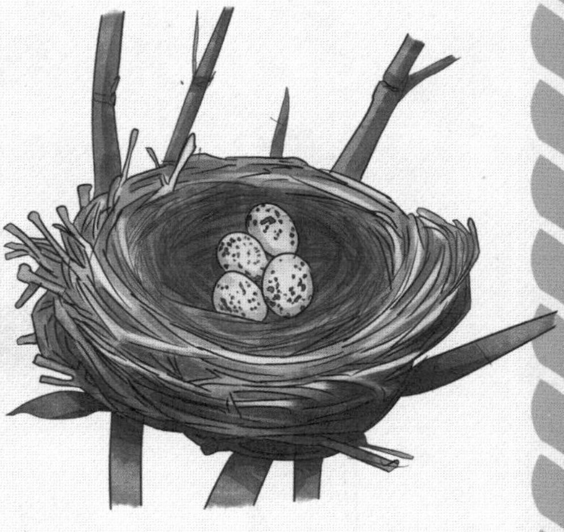

其次，大杜鹃的卵与宿主大苇莺的卵十分相似，这使得它们很难被发现。不过有的时候，即便被发现了，宿主鸟也会帮其孵卵。

最后，大杜鹃的卵与宿主大苇莺的卵孵化期基本相同，一般都是 11~13 天。

另外，大杜鹃的雏鸟具有排除异己的本领，刚孵出两三天还没睁眼的雏鸟，就会将其他小鸟或鸟蛋推出巢，然后独享“养父母”的宠爱而长大。20天后，当雏鸟长成后，便离巢飞走。

知识卡包

凶猛的星豹蛛

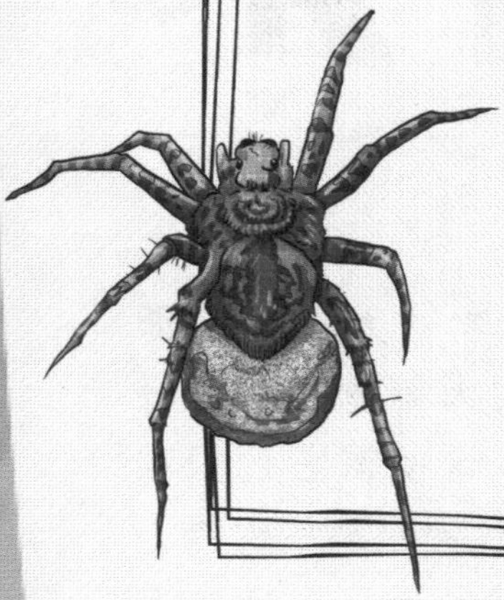

雌星豹蛛的性情十分凶猛，具有吃掉雄性同类的习性，而且交配过的雌星豹蛛攻击性会明显增强。因此，雄星豹蛛在求偶时会展现出复杂的求偶动作，以避免被雌蛛捕食。

鲇鱼效应

鲇鱼的食物主要是沙丁鱼，挪威渔民为了解决把沙丁鱼带回港口途中鱼大多缺氧而亡的问题，就把鲇鱼放在装沙丁鱼的鱼槽里。这样一来，沙丁鱼见了鲇鱼四处躲避，就被动地增加了氧气吸入，缺氧的问题得到解决，大多数沙丁鱼能活蹦乱跳地回到渔港了。这就是著名的“鲇鱼效应”，常被应用于管理学。

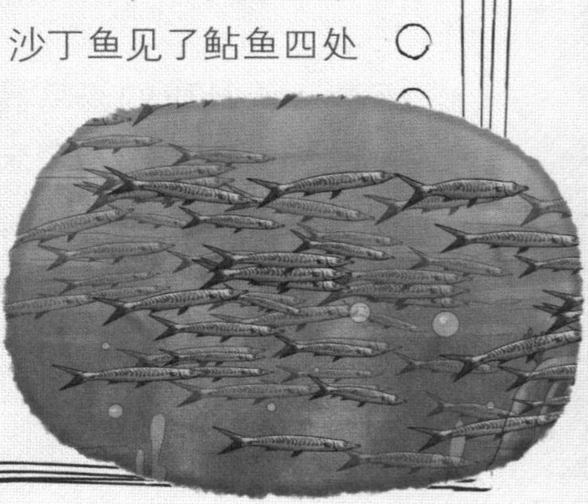

海马是怎么游动的？

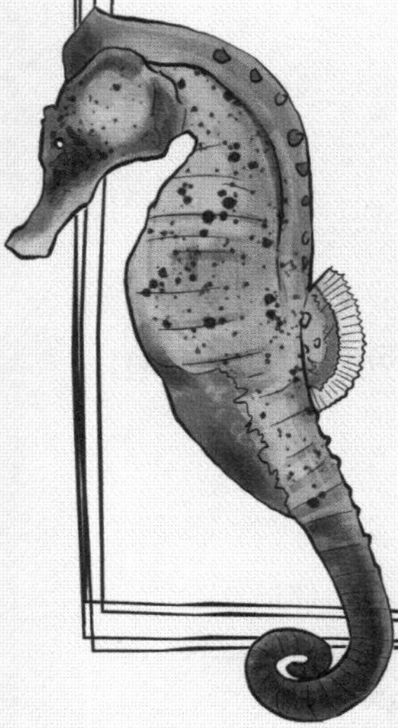

海马看起来没有鱼鳍，那它们是怎么游动的呢？其实海马是有鳍的，只是肉眼不太容易看出来。如果用高速摄影来仔细观察，就可以看到海马身上一根根活动的棘条，这些棘条能在一秒钟内来回活动 70 次。

大杜鹃的互惠互利

大杜鹃的霸道行为给寄主鸟造成了很大的伤害，那为什么大家还能容忍它这种害人的繁殖方式呢？科学家认为，大杜鹃的繁殖寄生对于宿主鸟而言是互惠互利的。大杜鹃在其他鸟孵卵期间日夜鸣叫，一方面可以给它们助威壮胆，使它们安心孵卵育雏；另一方面，可以吸引天敌，保护其他鸟的安全繁殖。

趣味充值

圈一圈

请从生物学分类“门”的角度出发，在下列图中圈出和其他三种动物不同的那一个。

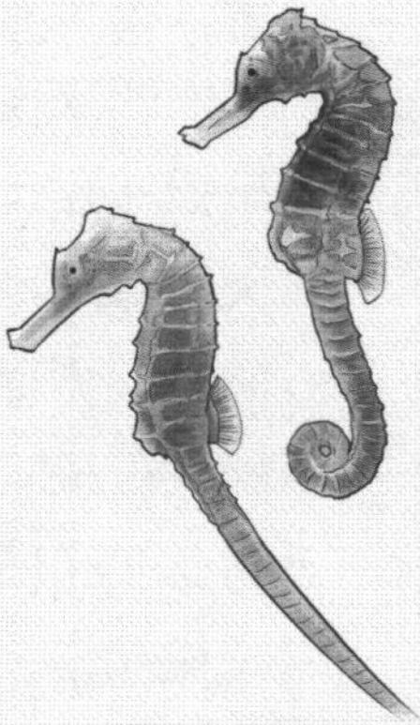

答案　星豹蛛

疯狂动物爱群聊

王建艳
张茜楠 著
沙棠文创 绘

互助群：动物圈里的黄金搭档

天地出版社 | TIANDI PRESS

图书在版编目（CIP）数据

疯狂动物爱群聊 / 王建艳，张茜楠著；沙棠文创绘. — 成都：天地出版社，2024.4
ISBN 978-7-5455-8061-7

Ⅰ. ①疯… Ⅱ. ①王… ②张… ③沙… Ⅲ. ①动物—儿童读物 Ⅳ. ①Q95-49

中国国家版本馆CIP数据核字（2023）第247624号

FENGKUANG DONGWU AI QUNLIAO
疯狂动物爱群聊

出 品 人　杨　政
著　　者　王建艳　张茜楠
绘　　者　沙棠文创
总 策 划　陈　德
策划编辑　王　倩　刘静静
责任编辑　王　倩　刘静静
美术编辑　周才琳
营销编辑　魏　武
责任校对　杨金原
责任印制　刘　元　葛红梅

出版发行　天地出版社
（成都市锦江区三色路238号　邮政编码：610023）
（北京市方庄芳群园3区3号　邮政编码：100078）
网　　址　http://www.tiandiph.com
电子邮箱　tianditg@163.com
经　　销　新华文轩出版传媒股份有限公司

印　　刷　北京瑞禾彩色印刷有限公司
版　　次　2024年4月第1版
印　　次　2024年4月第1次印刷
开　　本　710mm × 1000mm 1/16
印　　张　18
字　　数　272千字
定　　价　100.00元（全4册）
书　　号　ISBN 978-7-5455-8061-7

咨询电话：（028）86361282（总编室）
购书热线：（010）67693207（营销中心）

如有印装错误，请与本社联系调换。

目录 contents

自愈群：动物的超强自愈术

神奇自愈术不是超级英雄专属，动物也能拥有

互助群：动物圈里的黄金搭档

你帮我，我帮你，和谐相处甜蜜蜜

求救群：濒危动物在求救

濒危动物将灭绝，
保护野生动物刻不容缓

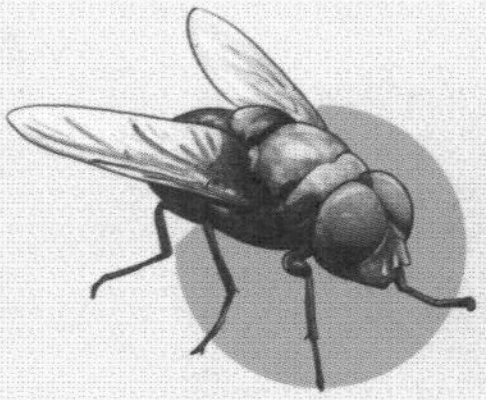

仿生群：仿生圈的动物大佬

动物教会我们的那些事

自愈群：动物的超强自愈术

群公告

神奇自愈术不是超级英雄专属，动物也能拥有

自然界中的很多生物具有非凡的超能力，就像科幻电影里的超级英雄或者外星人。其中最令人羡慕嫉妒的，就是少数幸运儿拥有的神奇再生能力。植物拥有再生能力并不稀奇，众多花花草草通过身体局部的压条、扦插或水培都能恢复成一整株，但动物的神奇再生能力就令人十分惊叹了，比如能够“返老还童”的灯塔水母，能够重新长出手脚的海星，能够重新长出尾巴的蝾螈，能够重新长出皮毛的非洲刺毛鼠。

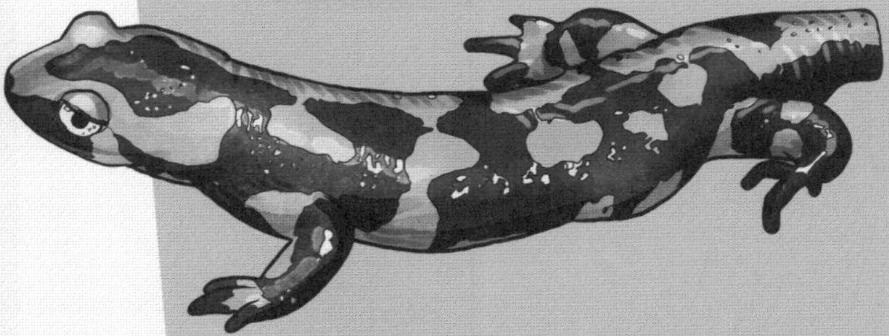

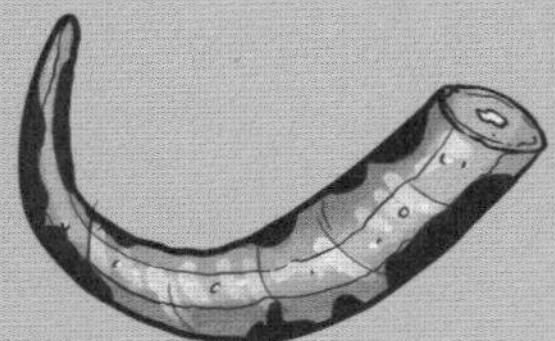

自愈动物的朋友圈

12:00 78%

朋友圈

灯塔水母

亲爱的朋友，如果你正为逐渐衰老的容颜而烦恼，请来跟我学习返老还童术，带你感受重回青春的快乐！

1分钟前

♡ 蝾螈、非洲刺毛鼠

海星：亲爱的朋友，如果你正为逐渐起皱的手脚而烦恼，请来跟我学习重生手脚术，带你感受拥有滑嫩手脚的快乐！

蝾螈：亲爱的朋友，如果你对此刻的自己感到不满意，请来跟我学习脱胎换骨术，带你感受焕然一新的快乐！

非洲刺毛鼠：亲爱的朋友，如果你正为逐渐脏乱的皮毛而烦恼，请来跟我学习重生皮毛术，带你感受拥有全新皮毛的快乐！

灯塔水母：你们能不能有点儿新意，连个广告都要抄……

自愈动物的篮球赛

“我叫**蝾螈**，是两栖纲有尾目大家族的肉食性动物。我的家族成员生活在亚洲、欧洲、非洲及北美洲，大多数成年后体长为 10~15 厘米。”

“我叫**非洲刺毛鼠**，来自哺乳纲啮齿目大家族，属于杂食性动物。我们主要生活在非洲及亚洲西南部，体长通常为 9~12 厘米。”

“我叫灯塔水母，属于刺胞动物门水螅纲大家族。我们属于肉食性动物，以加勒比地区为主的全球海域都能看到我们的身影。我们的体长通常为直径4~5毫米。”
“我叫海星，是棘皮动物门海星纲大家族的一员。我也属于肉食性动物，全球各海域都能见到我的家族成员，以北太平洋地区种类最多。我们的体长通常为直径6~24厘米。”

灯塔水母 回炉重造，水母变水螅

灯塔水母是一种小型水母，身体呈钟形。通过透明的身体，能看到体内红色的消化系统，犹如灯塔上的照明灯，灯塔水母的名字由此而来。

灯塔水母具有规律的生命周期，按先后顺序为：浮浪幼虫、水螅型和水母型。通常情况下，它们也和其他生物一样要经历生老病死。但是，当遭遇饥饿、外部刺激或机械损伤的时候，它们能够从水母型转变为水螅型，即从已经成熟的状态退回到原始状态，然后重新发育，理论上这个过程可以一直循环下去，且没有次数限制。给人感觉好像灯塔水母拥有了人类一直梦寐以求的“长生不老之术”，实现了永生。

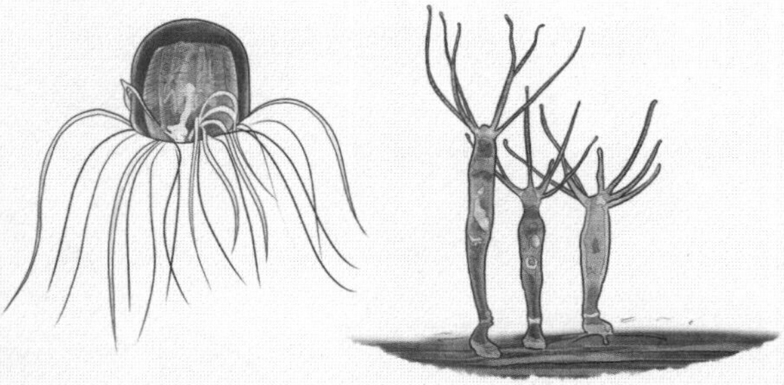

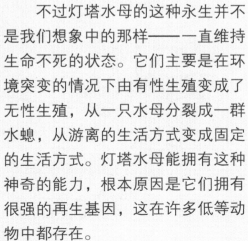

不过灯塔水母的这种永生并不是我们想象中的那样——一直维持生命不死的状态。它们主要是在环境突变的情况下由有性生殖变成了无性生殖，从一只水母分裂成一群水螅，从游离的生活方式变成固定的生活方式。灯塔水母能拥有这种神奇的能力，根本原因是它们拥有很强的再生基因，这在许多低等动物中都存在。

海星 半独立机体，强大再生秘诀

海星属于海洋无脊椎动物，通常有一个中央体盘和向四周伸出的腕足，拥有动物界中少见的五辐射对称身体，整体呈扁平的星形，也是因此得名。海星的腕足数量根据属种的不同而略有差异，大多数海星有 5 条腕，有些长有 6~7 条腕，还有些则有 10~15 条，最多的可以有四五十条，腕部末端具有吸盘。

海星在遇到天敌时有一个绝招——它们可以自断手脚，甚至让身体四分五裂来躲避追杀。等危机解除之后，海星断了手脚的地方可以再长出完整的腕，甚至仅凭一截残臂就可以长出一个完整的海星。

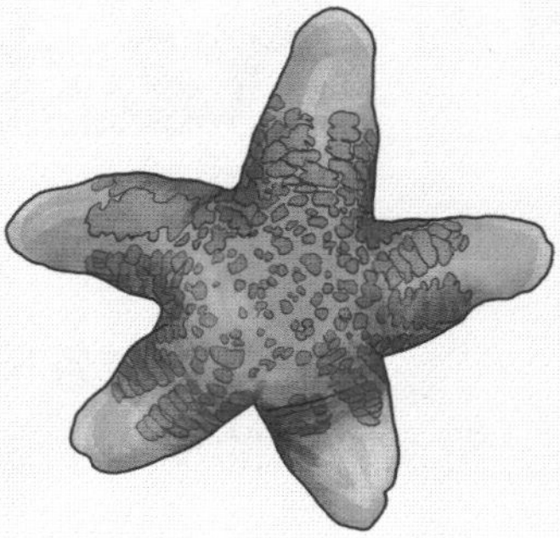

海星之所以具有如此强大的再生能力，是因为它们的每条腕都是一个半独立的机体，具有运动、消化、排泄和繁殖等功能。而且，海星体内有许多备用细胞，一旦海星受伤，这些细胞便被激活，重新生出海星失去的部分。

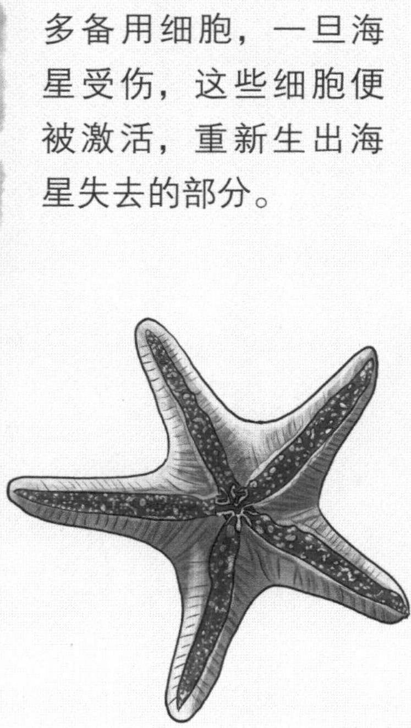

蝾螈 强大免疫系统，自愈再生王者

蝾螈拖着一条侧扁的尾巴，身体表面没有鳞片，湿润黏滑的皮肤上通常长有明显的斑纹。

别说断条尾巴，就是心脏没了，我都能复制重生出来！

蝾螈具有非常强的生命力，它们的再生自愈能力更是优异，是脊椎动物中的再生王者。如果蝾螈的四肢遇到机械性的外伤而断掉了，不久便会从伤口处长出一个肉芽，并逐渐恢复成原本的状态。更让人啧啧称奇的是，蝾螈不仅可以再生四肢和尾巴，还可以再生组织和器官，比如眼睛、颌骨和心脏，甚至大脑和脊髓都可以重生。

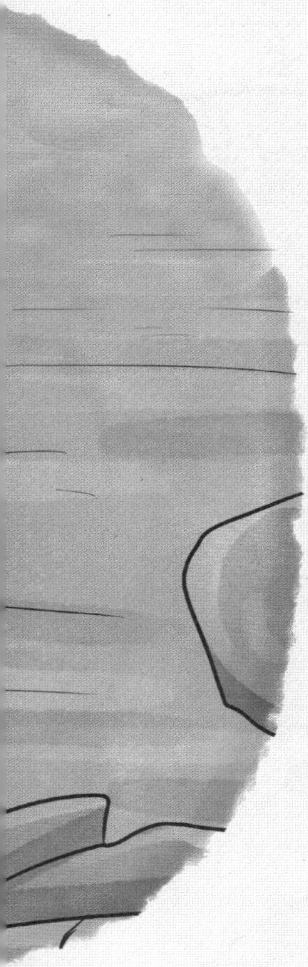

蝾螈之所以能拥有如此强大的再生能力，免疫系统是关键，免疫系统中的巨噬细胞发挥着至关重要的作用。它可以通过直接或间接调控的方式促进细胞分化，使蝾螈的创伤在短时间内复原，且不会形成疤痕，近乎完美地复制出受损的部位。

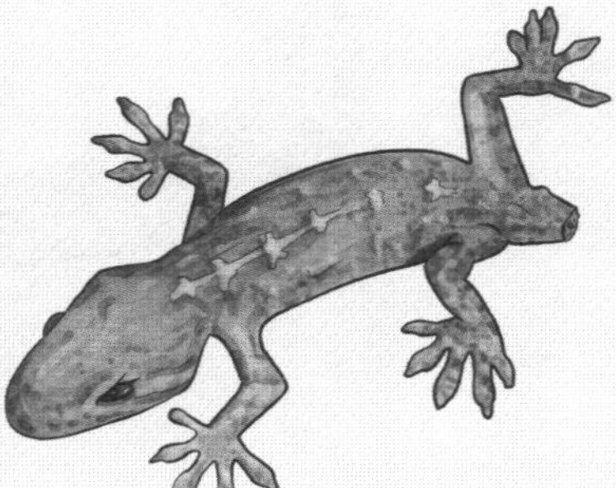

非洲刺毛鼠

皮毛再生，巨噬细胞的功劳

非洲刺毛鼠属于大耳鼠类，经常在岩石和沙地区域活动。它们的背部密密麻麻长满了坚硬的刺毛，尾巴很长。

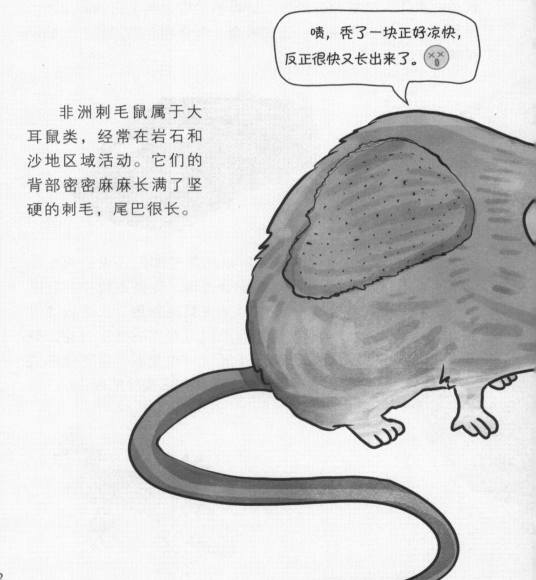

非洲刺毛鼠的皮肤很薄，方便在炎热干燥的地区散热降温；同时，它们的皮肤也很脆弱，在被天敌抓住或咬住的危急时刻，非洲刺毛鼠可以撕开并丢弃自己的皮毛，从而逃脱捕食者的追捕。非洲刺毛鼠是目前已知唯一采取这种方式进行防御的哺乳动物，它们为了自保最多能损失 60% 的皮肤。

但神奇的是，非洲刺毛鼠的皮肤受损后具有较强的自我修复能力，即使有大面积的伤口也可以很快复原。受伤的位置在一段时间后会长出新的皮肤，包括完整的汗腺、毛囊和毛发，甚至是部分软骨组织，而且几乎不留任何疤痕。据科学家推测，非洲刺毛鼠的这种皮肤自愈能力可能与巨噬细胞在表皮再生过程中的作用有关。

知识卡包

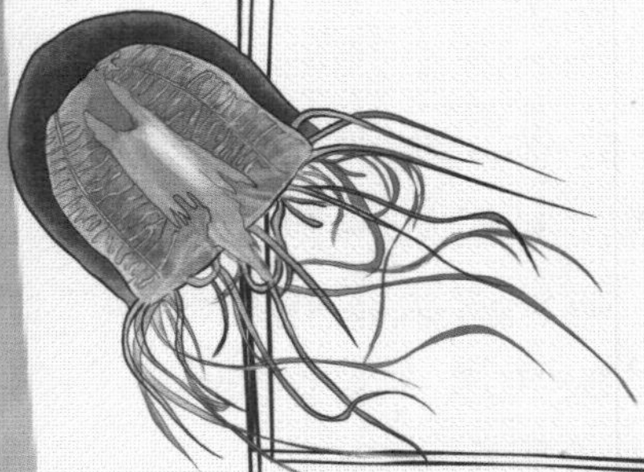

灯塔水母身体中的红色结构到底是什么？

灯塔水母身体中央像照明灯一样的红色结构，经常被误认为是它们的心脏或大脑，但其实那是消化系统。灯塔水母属于低等生物，它们没有心脏和大脑，也没有各种感觉器官，主要依赖触手发出的微弱电波来感知外部世界。

海星的再生危机

海星在肢体断裂后的再生，也并不是百分之百能够成功的。海星再生的过程可能需要几个月甚至几年的时间，它们在肢体断裂后的早期阶段很容易感染。而且残缺的机体主要靠储存的营养为生，此时如果再遭遇天敌或其他危险，之前所做的再生努力很可能付诸东流。

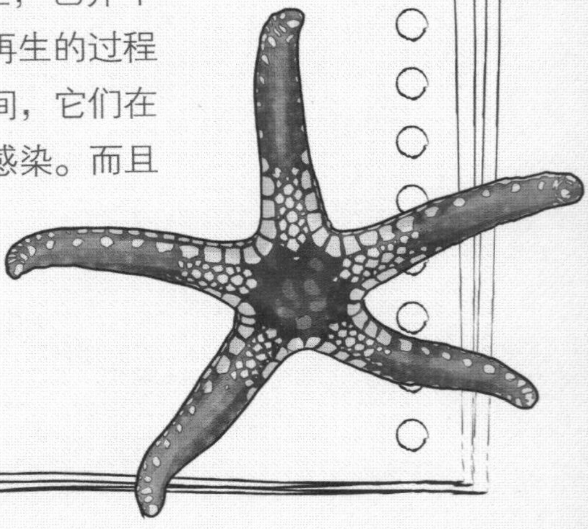

蝾螈独特的交配行为

蝾螈不仅具有独特而强大的再生能力，它们的交配行为也是独一无二的。雄性蝾螈会将精液包在一个类似胶囊的精荚中，在交配期排出体外。雌性蝾螈会在很短的时间内将精荚吸入体中，以此完成交配。

非洲刺毛鼠的肥胖危机

非洲刺毛鼠长相非常可爱，在许多国家被作为宠物饲养，但是它们很容易肥胖，严重时还会出现糖尿病的症状。非洲刺毛鼠之所以会这样，除了与它们的食物有关，还跟遗传有关，可能是身体缺失调控胰岛素的某些基因。

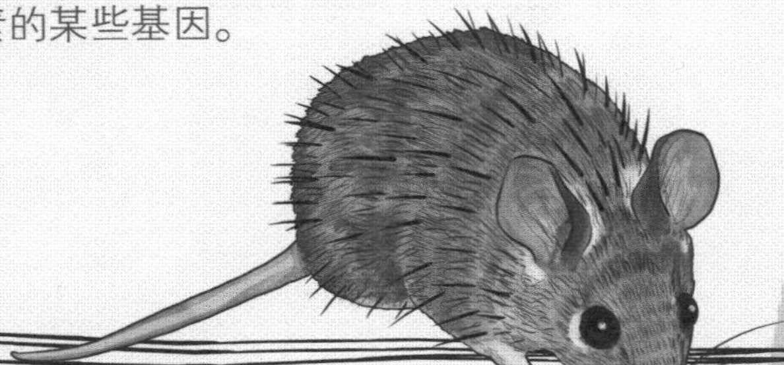

趣味充值

走一走

请通过迷宫把礼物送给杂食性动物吧！

互助群：动物圈里的黄金搭档

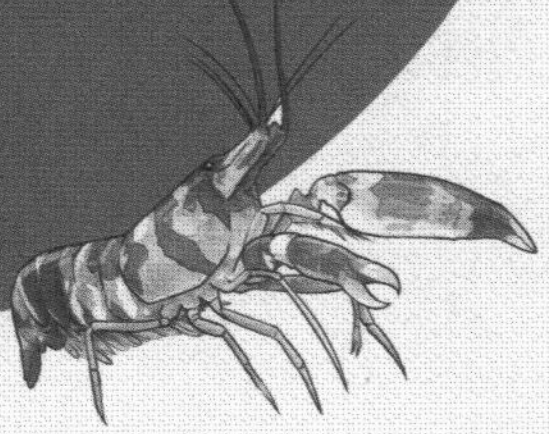

群公告

你帮我，我帮你，和谐相处甜蜜蜜

自然界中的动物之间，除了弱肉强食的竞争关系，还有互惠互利的合作关系。那些选择互惠互利的动物，通过共栖、共生的方式，组成了很多形影不离的搭档，比如鼓虾和虾虎鱼、蚂蚁和蚜虫、犀牛和牛椋鸟，还有树懒和树懒蛾等。这些看似毫不相干的动物，通过给对方提供食物或者安全保障，实现了和谐双赢，这种思维和相处模式，是人类学习的榜样。

19:30 36%

朋友圈

犀牛

想报名的快来！

年度最佳搭档评选

快来报名吧！

报名

大自然盟友会

1分钟前

♡ 树懒蛾

牛椋鸟：手动点赞，咱俩必须报个名！
犀牛回复牛椋鸟：鼓掌。
虾虎鱼回复牛椋鸟：@ 鼓虾 快来，我们也不能落后。
鼓虾回复虾虎鱼：来啦来啦，报名走起。
蚜虫：我的老伙计，咱们不能输。@ 蚂蚁
蚂蚁回复蚜虫：第一势在必得！
树懒蛾：@ 树懒 咱们也去报名吧。
树懒回复树懒蛾：咱们不用去也是最佳搭档，何必要特意去证明。
树懒蛾回复树懒：嘁，你就是懒。

互助动物的联谊会

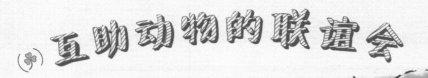

我叫犀牛，是哺乳纲奇蹄目植食性动物家族的一员，体长通常为2.2~4.5米。
我叫牛椋鸟，是鸟纲雀形目杂食性动物家族的一员，体长约20厘米。
我叫鼓虾，属于节肢动物门软甲纲的肉食性动物，体长通常为3~5厘米。
我叫虾虎鱼，属于硬骨鱼纲鲈形目的杂食性动物，体长通常为10厘米。

我叫树懒，是喜欢生活在中美洲及南美洲的哺乳纲披毛目植食性动物，体长通常为60~80厘米。
我叫树懒蛾，是喜欢生活在树懒身上的昆虫纲鳞翅目杂食性动物，体长通常为2~3厘米。
我叫蚂蚁，是来自昆虫纲膜翅目大家庭的杂食性动物，体长通常为0.75~37毫米。
我叫蚜虫，也属于昆虫纲，但我是半翅目家族的植食性动物，体长通常为2毫米左右。

鼓虾与虾虎鱼

辛勤的“工程兵”与机警的“保镖”

鼓虾是少见的穴居水生动物，它们挖好洞后，会邀请虾虎鱼前来进行“合租生活”。鼓虾每天都要花大量时间清理洞穴，因为如果不持续清理沙石等杂物，洞穴便有崩塌的风险，当危险来临，就没有避风港了。

当鼓虾忙碌时，虾虎鱼却从来不帮忙打扫。为什么虾虎鱼不参与洞穴的建设和维护工作，鼓虾还要请它做“合租室友”呢？

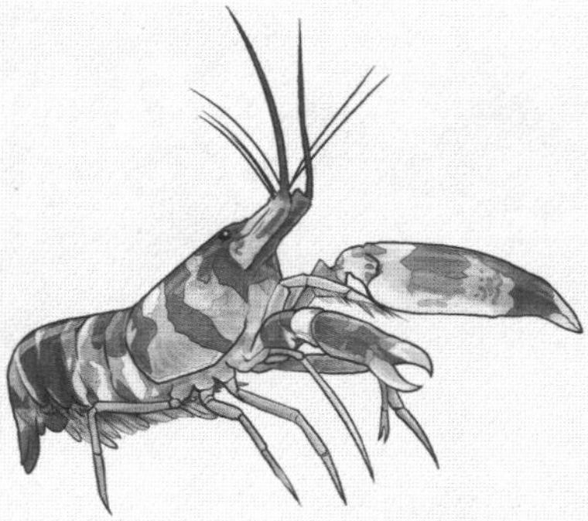

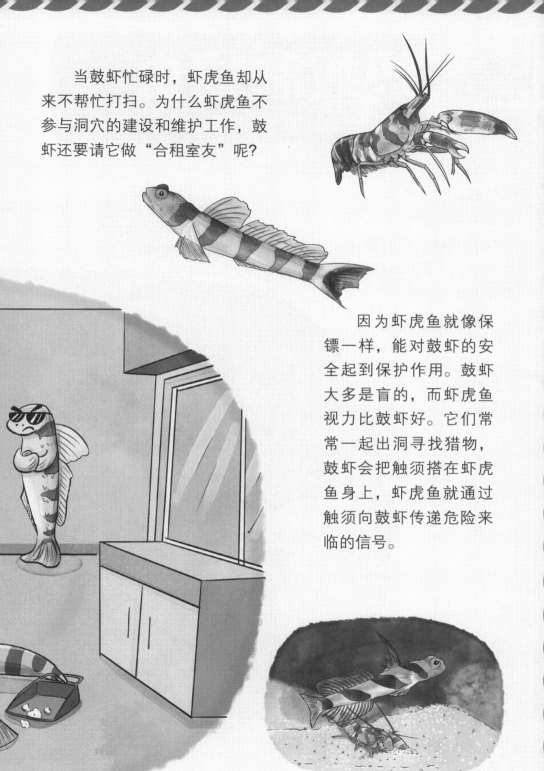

因为虾虎鱼就像保镖一样，能对鼓虾的安全起到保护作用。鼓虾大多是盲的，而虾虎鱼视力比鼓虾好。它们常常一起出洞寻找猎物，鼓虾会把触须搭在虾虎鱼身上，虾虎鱼就通过触须向鼓虾传递危险来临的信号。

蚂蚁和蚜虫

聪明的“放牛郎”和任劳任怨的“产奶工”

蚜虫一直是令农民伯伯非常困扰的害虫。它们的嘴巴带针，能刺穿农作物的表皮，插入组织内吸取汁液。

一株农作物上往往可以聚集成百上千只蚜虫一起享用“果汁”，导致农作物枯萎甚至死亡。

当蚜虫吸取植物汁液时，每隔一两分钟就会翘起腹部，分泌含有丰富糖分的“蜜露”。这种“蜜露”对嗜好甜食的蚂蚁极具吸引力。

蚂蚁为了能舔食更多“蜜露”，还学会了“挤奶”的方法——它们会用头上的触角“按摩”蚜虫的腹部，刺激蚜虫排出“蜜露”。蚂蚁还会释放出有镇静作用的化学物质来控制蚜虫，有时为了让蚜虫安心“产奶”，甚至会咬掉它们的翅膀。

与此同时，蚂蚁也为蚜虫提供保护，因为蚜虫身体柔弱，无法对抗天敌。当附近的植物缺乏营养时，蚂蚁也会把蚜虫背到新的“牧场”。

犀牛和牛椋鸟

皮糙肉厚的“角斗士”和暗藏心机的“哨兵”

生活在非洲大草原上的犀牛，皮肤很厚，但其皮肤褶皱之间又嫩又薄、比较敏感，而且由于表皮下的血液供应充足，跳蚤、虱子、蜱虫和其他寄生虫非常乐意潜伏在犀牛的皮肤上，令犀牛浑身痒得厉害。

这时，喜欢和犀牛生活在一起的牛椋鸟就起到大作用了，它们可以帮助犀牛清理皮肤上的寄生虫。虽然犀牛的嗅觉和听觉很灵敏，但是视力非常差，如果天敌悄悄偷袭，它们很难觉察得到。牛椋鸟会在犀牛的天敌来袭时飞上飞下，叫个不停，提醒犀牛有危险来临。

对于牛椋鸟来说，犀牛身上的寄生虫为它们提供了食物，勇猛的犀牛也为其提供了相对安全的栖息地点。

有时牛椋鸟也十分有心机。它们除了清理犀牛身上的寄生虫，还经常检查犀牛的伤口，清除结痂和腐烂的组织，同时也会毫不留情地吸食犀牛的血液，甚至到了嗜血成性的地步。这样就导致犀牛的伤口不断出血，不易愈合，从而滋生更多寄生虫，犀牛也就成了牛椋鸟的长期“饭票”。

树懒和树懒蛾

慵懒的智者与终身的伙伴

树懒是一种生活在美洲茂密的热带森林中的树栖动物，它们身上生活着一种特殊的飞蛾，叫树懒蛾。甚至个别种类的树懒蛾仅在树懒身上被发现。

我非常乐意！
谢谢亲爱的小伙伴愿意为我去冒险。

如果没有特殊情况，树懒基本不会下树，因为树懒的行动十分缓慢，在树下活动是很危险的。但是树懒每周都会冒险下树排便，甚至调查显示，有 50% 的树懒在下树排便过程中死亡。那树懒到底为什么要冒着这么大的风险下树排便呢？这一切都是为了生活在它们身上的树懒蛾。

原来在树懒排便的过程中，树懒蛾就在粪便中产卵并孵化，树懒的粪便中未消化的残渣可以为树懒蛾幼虫提供营养来源。等幼虫转化为成虫后，又可以飞到树上依附于树懒。

而树懒蛾死后会在树懒身上腐烂、分解，为树懒毛发间生长的一种绿藻提供肥料。这种绿藻能够为树懒提供伪装，帮它们降低被天敌发现的风险。同时，绿藻易于消化，树懒有时也会取食绿藻作为额外的零食。

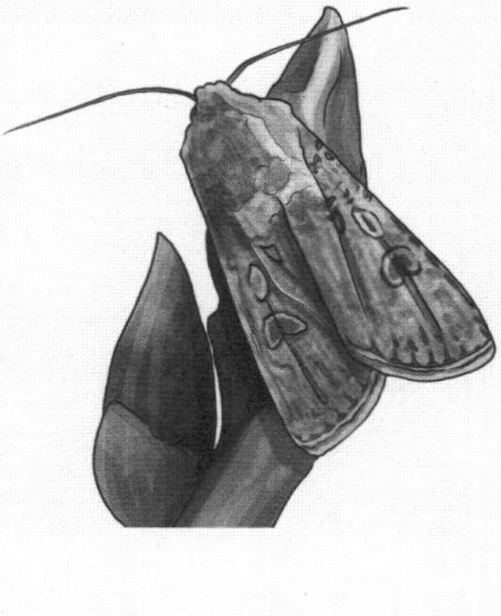

知识卡包

短命的虾虎鱼

虾虎鱼种类非常多，目前已知的就有2000多种，但它们是世界上寿命最短的脊椎动物，一般只能存活二三年。澳大利亚的大堡礁有一种虾虎鱼，其寿命只有短短8周左右。不过，虾虎鱼的生长速度很快，它们能在3周内长成成体，到交配产卵后便死去。

勤劳到累死的蚂蚁

蚂蚁通常被认为是爱劳动的昆虫，而蚂蚁中的工蚁更是勤奋的模范，它们大多是累死的。工蚁在劳作的同时只能抽空打盹儿，每天大概会打盹儿250次，每次只有一分多钟，每天加起来的睡眠时间只有4个多小时，而高高在上的蚁后每天平均可以睡9个小时。

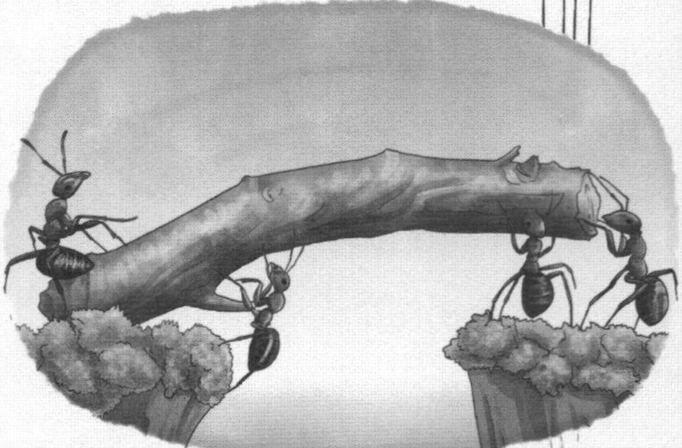

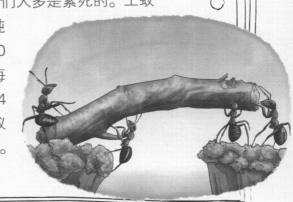

天下无敌的大犀牛

犀牛的战斗力强悍，是“非洲五霸”之一，连狮子都不敢轻易冒犯它。虽然犀牛的身躯很笨重，但它们能以相当快的速度行走或奔跑，甚至在荆棘丛生的灌木丛中也能实现每小时 45 千米的奔跑速度。因此，成年犀牛除了人类几乎没有敌人。

慵懒的游泳健将

树懒因行动缓慢而得名，它们虽然有脚但是不会走路，只能依靠前肢拖动身体移动。树懒以树为家，在树上移动的平均速度约为每分钟 4 米。如果要行进 2 千米的距离，树懒可能要耗费一个月的时间。人们通常把行动缓慢比喻成“乌龟爬”，其实树懒比乌龟爬得还要慢。尽管如此，树懒却是游泳健将，在水里的速度可达每分钟 13.5 米，它们通过游泳可以跨越河流或岛屿。

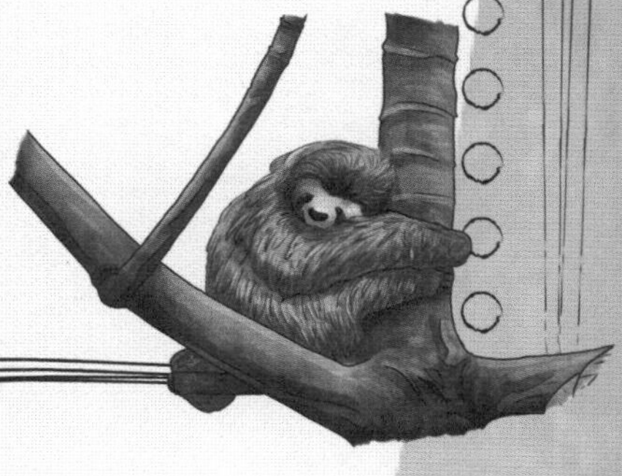

趣味充值

连一连

请用线把下列动物中的“好搭档”连接起来吧！

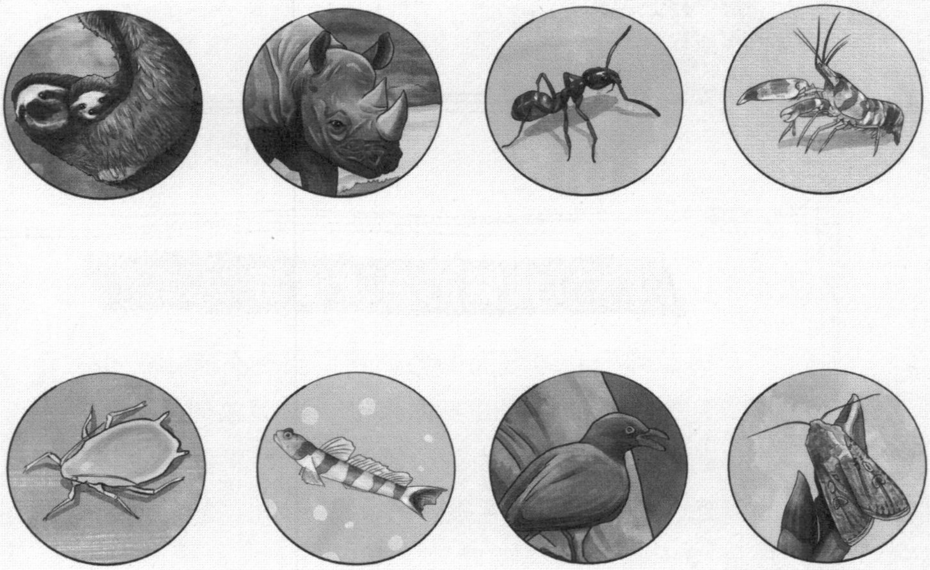

答案 树懒连树懒蛾、犀牛连牛椋鸟、蚂蚁连蚜虫、鼓虾连虾虎鱼

求救群：濒危动物在求救

群公告

濒危动物将灭绝，保护野生动物刻不容缓

在世界自然保护联盟 (IUCN) 不断更新的濒危物种红色名录中，已经有超过 4 万个物种面临灭绝威胁，而其中有 976 个被列为已经灭绝的物种。全世界的野生动物都面临着危机，许多极度濒危动物更是即将走向灭绝。比如被誉为“吉祥之鸟”的朱鹮、被誉为“水中大熊猫”的白鱀豚、原产于中国的特有属种华南虎、被称为“人类最孤独的近亲”的海南黑冠长臂猿等。人类的生活与生物多样性问题紧密地交织在一起，濒危物种的增加无疑给人类敲响了警钟。保护动物、保护地球是每个国家、每位地球公民的义务，我们在此呼吁大家保护野生动物，从自身做起，拒绝食用和使用野生动物制品。

21:45 21%

朋友圈

朱鹮

我们家族的野生品种越来越少，真是每天都活得提心吊胆，生怕一不小心就灭族了。

1分钟前

♡ 华南虎、朱鹮、海南黑冠长臂猿

白鳘豚：唉，你们家族现在好歹壮大了，而我们是不是已经灭族了还是未知数呢。

朱鹮回复白鳘豚：摸摸头。

华南虎回复白鳘豚：你们还是未知数，而我们已经非常明确了，野生品种全部没了！

白鳘豚回复华南虎：咱俩难兄难弟，都是一个大写的“惨”字。

海南黑冠长臂猿：虽然我也比你们好不到哪里去，但我们还是要乐观点儿，现在人类建立了很多自然保护区，相信将来一定会让自然界恢复以前的繁荣！

朱鹮回复海南黑冠长臂猿：不愧是长臂猿大哥，看得就是远，你这么一说，我们有信心多了。

濒危动物的交流会

请保护野
寻
我叫白鱀豚，也属于肉食性动物，但我来自哺乳纲偶蹄目大家族。我们家族成员身体通常有1.4~2.5米长，仅生活在中国长江中下游、洞庭湖、鄱阳湖及钱塘江口一带。
我叫朱鹮，来自鸟纲鹈形目家族，属于肉食性动物。我们家族成员身体通常有68~79厘米长，目前野生种群仅分布在中国陕西省。

“我叫华南虎，和白鱀豚一样是哺乳纲肉食性动物，但我属于食肉目家族，是只有中国才有的特有虎亚种。我们家族成员身体通常有2.3~2.5米长。”
“我叫海南黑冠长臂猿，属于杂食性动物，来自哺乳纲灵长目大家族，只有在中国海南岛西部地区才能看到我们家族成员的身影。我们的身高通常有40~60厘米。”

朱鹮 从遍布东亚到仅存7只的危机

朱鹮的羽毛洁白如雪，艳红的头冠，黑色的长嘴再加上修长的双腿，仙气十足，有着“东方宝石”“吉祥之鸟”的美誉。这样美丽的鸟儿却是国际濒危鸟类，也是我国一级重点保护野生动物。

历史上，朱鹮曾经在东亚地区广泛分布，但从 20 世纪 60 年代开始，由于过度捕杀、森林砍伐和稻田过度使用农药等原因，朱鹮的种群数量急剧减少，俄罗斯、朝鲜、日本的野生朱鹮相继消失，自此朱鹮被认为陷入野生灭绝的境地。

1978 年，中国科学院的鸟类学专家成立科考队，历时 3 年终于在陕西省南部的汉中市洋县发现了 7 只幸存的野生朱鹮。这是全世界仅存的朱鹮野生种群。

随后，我国在洋县设置养殖基地，对朱鹮进行保护和研究。朱鹮经过救助和人工繁殖，目前种群保持稳定，数量已经从最初发现的 7 只发展壮大到 7000 只，仅陕西省境内就有 5000 余只。

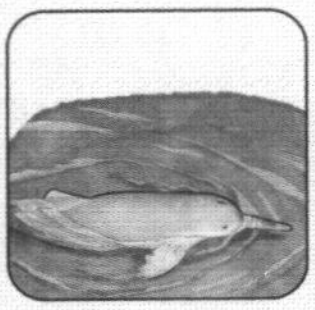

白鳘豚 水中大熊猫的悲伤陨落

白鳘豚，是我国特有的水生哺乳动物，有“长江女神”“水中大熊猫”之称，是世界级的濒危动物。

白鳘豚早在2000多万年前就已经出现在地球上了，被誉为“活化石”。它们曾经生活在中国长江中下游及与其连通的水域中，目前白鳘豚的数量锐减，它们在世界自然保护联盟发布的濒危物种红色名录中暂保持“极危”的评级，但是一般认为白鳘豚已经灭绝，或仅有残余个体存活，不足以延续种群。

科学家研究表明，白鱀豚处于长江水生生物食物链的顶端，在水域中没有任何天敌，以此可以判断白鱀豚的灭绝，人类的干扰和破坏行为应该是主要原因。

这种干扰和破坏主要表现在三个方面：一是人类对鱼虾的过度捕捞，致使白鱀豚的食物不充足，偶尔还会不幸落入渔网中挣扎死去；二是人类对长江的过度开发，使白鱀豚的栖息地遭到破坏，水上运输的发展也导致很多白鱀豚被螺旋桨打伤；三是人类的非法猎杀使大量白鱀豚殒命，尽管保护措施在不断加强，但是偷猎或误猎现象仍时有发生。

华南虎 灭绝的野生“中国虎”

华南虎的个头比较小，被认为是更接近老虎直系祖先的一个古老亚种。它们是我国的特有属种，因此也被称为“中国虎”，曾经在南方的森林山地广泛分布。华南虎大多单独生活，行动敏捷，喜欢在夜间活动，善于游泳但不善于爬树。

20 世纪中叶，人类以危害农业生产、威胁人畜安全等为由,大量猎杀华南虎,再加上收购虎皮、虎骨的现象陆续发生，华南虎的数量大量减少。到 1994 年，已知的最后一只野生华南虎在湖南省被射杀。

好在 1955 年我国就开始圈养华南虎，第一只是来自四川的雌性华南虎“猛子”，圈养了 15 年后死去。1963 年开始人工繁殖华南虎，贵阳黔灵公园的两只雌性华南虎各产下一只幼崽。之后国内几十家大中城市的动物园、公园饲养及繁殖华南虎，截至 2017 年底，中国的华南虎数量升至 165 只。

海南黑冠长臂猿

世界上最孤独的灵长类动物

海南黑冠长臂猿是热带雨林生态系统的指示性物种，是全球范围内极度濒危的珍稀灵长类动物，被称为“人类最孤独的近亲”。

我好孤独啊，同是灵长类，为啥到处都是人类，而我的同类就这几个？

截至 2022 年，海南黑冠长臂猿的数量仅有 5 群 36 只，是所有现存长臂猿中数量最稀少的，仅分布于海南热带雨林国家公园霸王岭自然保护区内。在 20 世纪 50 年代后期，海南黑冠长臂猿的总数超过 2000 只，而到 20 世纪 80 年代数量骤降到 21 只。

海南黑冠长臂猿对生存环境有很强的依赖性，只有在原始的雨林中才能生存。随着人们大量砍伐和开垦天然森林，热带雨林大面积丧失，这是海南黑冠长臂猿不断减少的重要原因。至 2008 年，在海南黑冠长臂猿的分布范围内，其栖息地已经丧失了 75%。

另外，海南黑冠长臂猿数量上的稀少也导致了近亲繁殖，使种群质量一代不如一代。种群繁殖率低以及世代周期较长(7~8 年)等原因，也加速了海南黑冠长臂猿的灭绝。

知识卡包

朱鹮的触觉性取食法

朱鹮通常在浅水处或水稻田中觅食，它们的喙部尖端有很多触觉细胞，觅食时主要靠长而弯的喙部插入水中或泥中不断探寻水中的动物，主要以小鱼、虾蟹、田螺、甲虫、蛙类等为食。

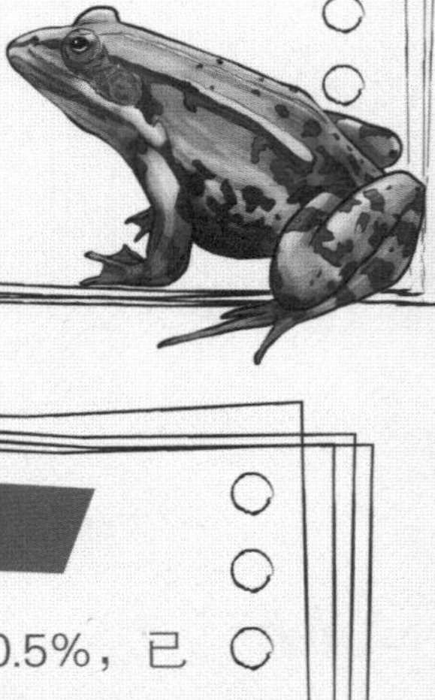

白鳖豚的神奇大脑

白鳖豚的大脑重量比海豚重，约占体重的 0.5%，已经接近大猩猩和黑猩猩的脑量。哺乳动物的大脑在使用一段时间后会进入睡眠状态，觉醒后再正常运作。而鲸类动物，包含白鳖豚在内，有着独特的大脑系统，可以使大脑一半休息，另一半觉醒。成年白鳖豚的大脑每天有 7~8 小时处于半睡半醒状态，其余时间大脑全部觉醒。在半睡半醒的状态下，白鳖豚会保持 1~5 千米每小时的速度在水面漂浮。

华南虎和厦门

华南虎和厦门有着紧密的联系，因为华南虎最早是在厦门被美国自然学家卡德威尔发现的。华南虎的拉丁语种名是*amoyensis*，而其中Amoy 这个词语正是历史上对厦门的称呼。厦门至今仍有很多关于老虎的地名，而且在 100 多年前，厦门曾是全国“虎患”最严重城市之一，曾发生过老虎游到鼓浪屿，跑进居民区的事件。

引吭高歌的长臂猿

海南黑冠长臂猿是树栖猿类，行动与觅食都在 15 米的高大乔木间穿越进行。它们每天的活动很有规律，定时高声鸣叫，专家就是据此来调查它们的数量的。每天天还没亮透，雄性猿就开始高声啼叫，接着雌性猿和小猿也会加入歌唱，它们的声音高亢洪亮，数里外都可以听见。鸣叫主要表示猿群对领域的占有，并警告别的猿群不要靠近。

趣味充值

猜一猜

一种大鸟羽毛白，仪表堂堂长得帅。

洋县山里它长住，珍稀鸟儿人人爱。

（打一鸟类）

选一选

下列属于杂食性动物的是（　　）。

A. 海南黑冠长臂猿

B. 朱鹮

C. 白鳖豚

D. 华南虎

答案 猜一猜：朱鹮　选一选：A

仿生群：

仿生圈的动物大佬

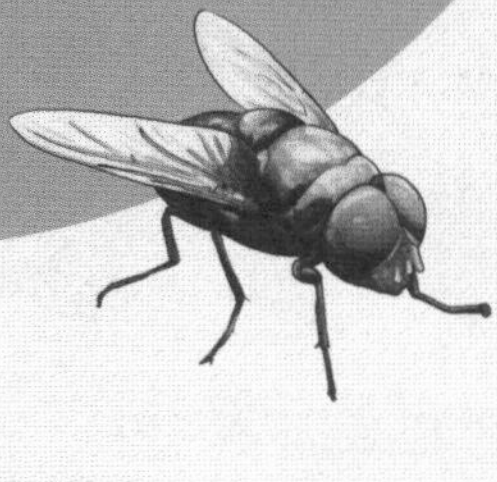

群公告

动物教会我们的那些事 >

我们生活在自然界中，与周围的动物为邻，动物的身体结构、行为方式和特殊技能带给我们诸多启示。从旧石器时代有巢氏模仿鸟类在树上筑巢，到新石器时代古人用动物纹样装饰彩陶，再到春秋战国时期鲁班借鉴白茅的齿形边缘设计木锯，人类自蒙昧时代就能领悟到自然的丰富性和复杂性，并通过模仿和适应自然规律而发展、进步。到了现代，人类更是通过模仿动物发明制造了各种工具。比如模仿苍蝇的复眼特征，发明了“蝇眼”航空照相机；模仿蜂鸟细长的喙，发明了胰岛素“蜂鸟针”；模仿响尾蛇的热感应系统，研制出空对空导弹；模仿长颈鹿的皮肤特点，为飞行员和宇航员量身定做了“抗荷服”；等等。这些从动物身上学来的仿生技术和工具，增强了人类的生存本领，并推动了人类文明的进步。

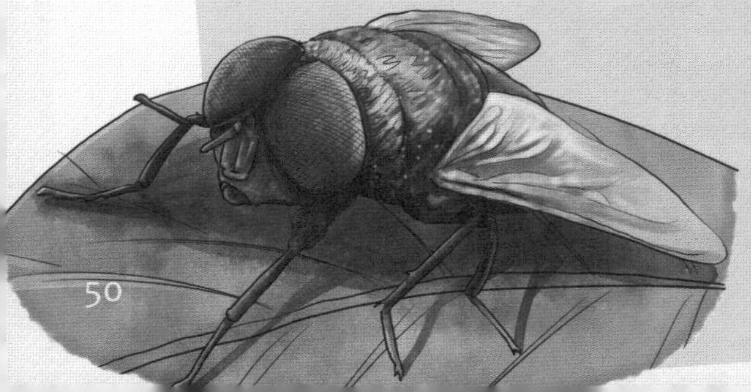

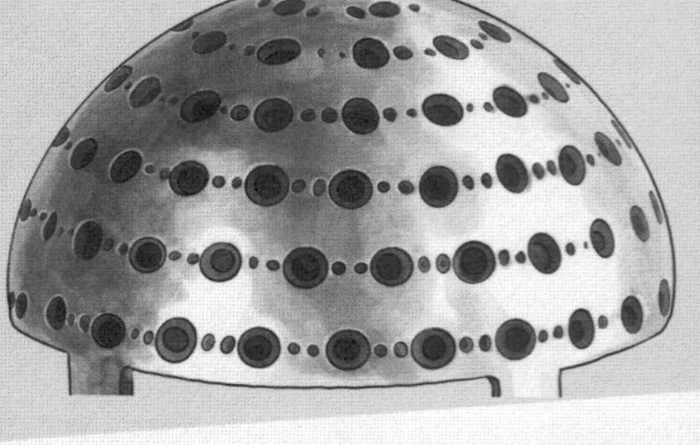

仿生圈动物的朋友圈

9:44 90%

朋友圈

蜂鸟

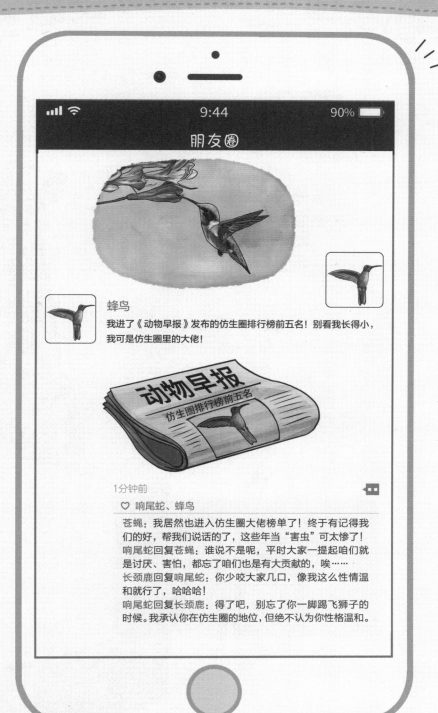

我进了《动物早报》发布的仿生圈排行榜前五名！别看我长得小，我可是仿生圈里的大佬！

1分钟前

♡ 响尾蛇、蜂鸟

苍蝇：我居然也进入仿生圈大佬榜单了！终于有记得我们的好，帮我们说话的了，这些年当“害虫”可太惨了！

响尾蛇回复苍蝇：谁说不是呢，平时大家一提起咱们就是讨厌、害怕，都忘了咱们也是有大贡献的，唉……

长颈鹿回复响尾蛇：你少咬大家几口，像我这么性情温和就行了，哈哈哈！

响尾蛇回复长颈鹿：得了吧，别忘了你一脚踢飞狮子的时候。我承认你在仿生圈的地位，但绝不认为你性格温和。

仿生圈动物的技术交流会

“我叫长颈鹿，大多数情况下我的性情都很温和。我是哺乳纲偶蹄目大家族的一员，属于植食性动物。我们主要生活在非洲地区，身高通常为4.1~6.1米。”
“我叫苍蝇，来自昆虫纲双翅目大家族，和人类来往密切，除了南极洲，世界各地都有我们家族成员的身影。我们属于杂食性昆虫，身体通常为4~14毫米长。”

“我叫响尾蛇，属于爬行纲有鳞目的肉食性动物，除南北极外，各大洲都能看到我的家族成员们。我们的身体长度通常为 1.5~24 米。”
“我叫蜂鸟，来自鸟纲雨燕目大家族，属于植食性动物。我们家族成员主要生活在美洲地区，以南美洲为主。我们身材小巧，体长通常为7~13 厘米。”

苍蝇 敏锐的嗅觉和复眼结构

苍蝇是声名狼藉的“害虫”，经常在卫生较差的环境中出没，还会携带能引起传染病的细菌、病毒，十分惹人生厌。但是苍蝇身上结构精巧的组织器官，为人类的科技创新提供了丰富的灵感。

哼，虽然我名声差，但抵不住我器官构造精巧，人类还不是得跟我学习！

首先，苍蝇虽然没有“鼻子”，但它们的嗅觉特别灵敏，几千米外的气味都能分辨，这是因为苍蝇的嗅觉感受器分布在头部的一对触角上。嗅觉神经可以把不同的气味转变为不同的神经电脉冲，当神经电脉冲传输到大脑后，苍蝇就能区分出不同的物质来了。科学家根据苍蝇嗅觉器官的结构和功能，制造了一种小型气体分析仪，可以用来检测太空飞船舱内气体的成分，也可以检测潜水艇和矿井里的有害气体。

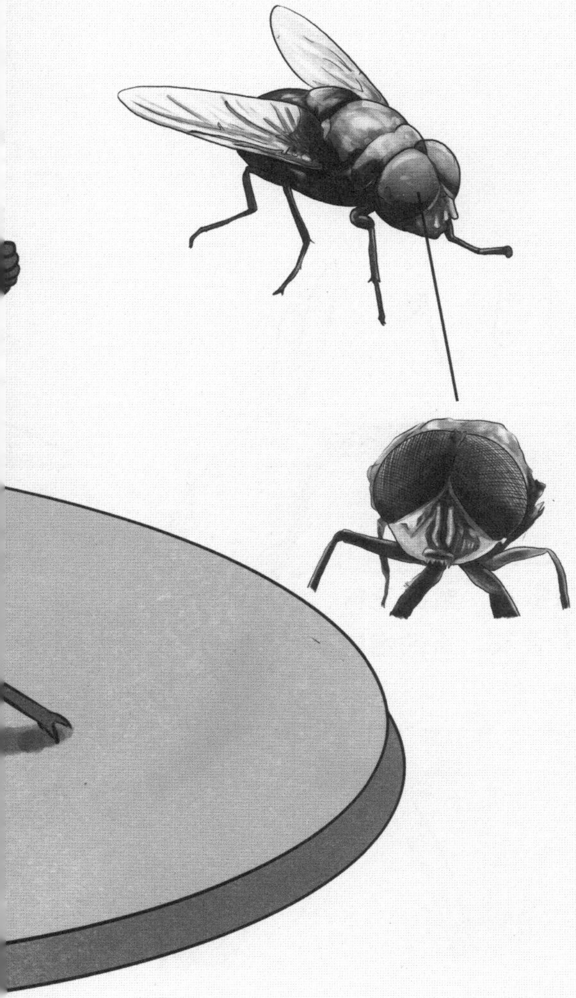

其次，苍蝇的眼睛是复眼结构，每只复眼由 4000 多只单眼组成。每只单眼是一个独立的感光单位，只能形成一个像点，而众多单眼形成的像点可以拼合成一幅图像。这种构造可以有效地计算自身与目标物体的方位和距离，有利于苍蝇作出快速的判断和反应。人类通过对苍蝇复眼的研究，发明了“蝇眼”航空照相机，单次能拍摄 1000 多张高清照片；还有一种光学仪器叫作“蝇眼”透镜，可以提高光能利用率，获得更均匀的照明。

蜂鸟 特殊的双翼结构和鸟喙

蜂鸟体形纤弱，是目前世界上已知的最小的鸟类，也是飞行技术最高超的鸟类。它们既可以垂直上下飞，也可以左右两侧飞，还是唯一能够向后飞行的鸟。当蜂鸟吮吸花蜜时，它们可以通过迅速拍动翅膀让自己悬停在空中，它们拍动翅膀的频率最高可达每秒 80 次。

蜂鸟有如此高超的飞行技术，是因为它们的双翼结构与其他鸟类不同，蜂鸟的肩关节非常灵活，能根据飞行需求任意变换角度，而肘关节和腕关节几乎不能动。人类受到蜂鸟的启迪，发明出了不同于固定翼飞机的直升机，直升机依靠旋翼转动产生动力，不需要跑道就能起飞。

蜂鸟除了特殊的双翼结构给了人类启迪，它们的鸟喙也提供了仿生灵感。一直致力于让胰岛素的注射痛感降低的专家，偶然间发现蜂鸟在吸食花蜜的时候能做到不损伤花蕊，这是因为它们的鸟喙呈薄而长的椎体结构，尖端聚成了极细的一点。人类参照蜂鸟鸟喙的特点，利用仿生学原理，研制出了胰岛素“蜂鸟针”，这种创新性的硬针尖兼具不弯曲、不折断、不漏液、微针点、微痛感的特点。

响尾蛇 神奇的颊窝测温器官

响尾蛇的尾巴末端有一串角质环，当遇到危险时，它通过摆动尾部可以发出响亮的声音，因此得名“响尾蛇”。

蛇天生可以通过探测周围环境中的温度变化，锁定猎物的位置并追踪它们，响尾蛇更是把这种天性发挥到

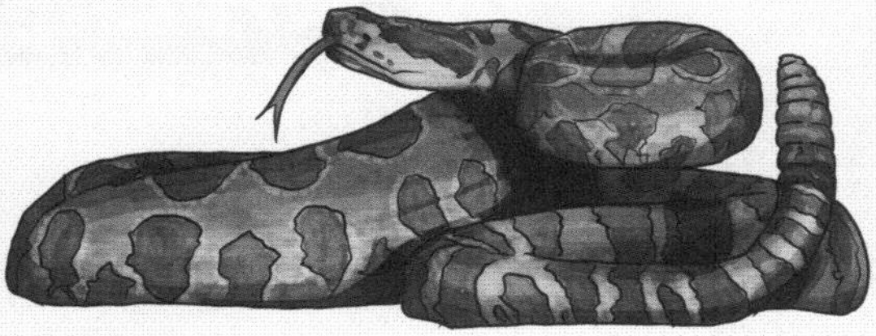

极致。响尾蛇长有感知红外热辐射的颊窝器官，颊窝位于眼睛和鼻孔之间，类似针孔摄像机的镜头。猎物散发的热量会以红外线的形式进入响尾蛇颊窝开口，并照射在颊窝后部的薄膜上，薄膜上面分布着密度极高的热量感受器，可以将温差信号传递给大脑。得益于这样的构造，响尾蛇能感受到环境中 0.003℃或更细微的温度变化，锁定追踪猎物更加精准。

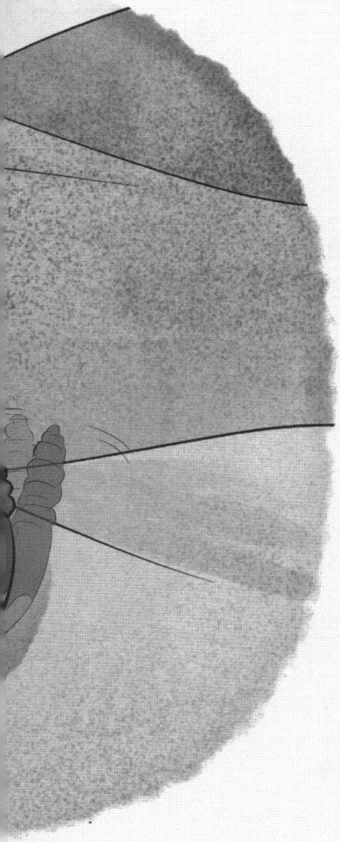

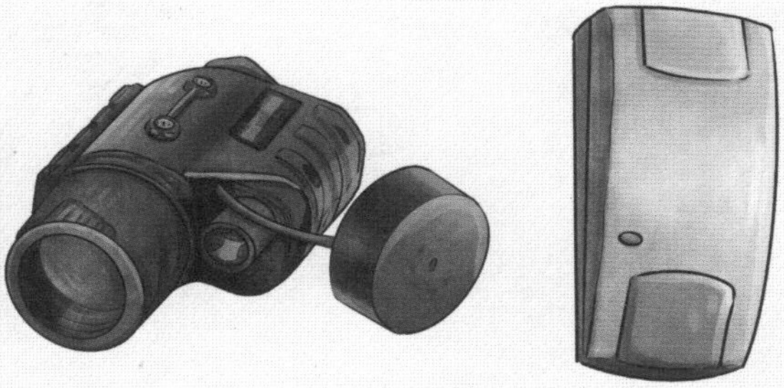

科学家模仿响尾蛇的热感应系统，研制出了一种空对空导弹，能够探测飞机喷射出的热气流所产生的红外辐射，从而紧紧地跟踪目标并准确无误地将其击中。另外，根据响尾蛇的特点，还有仿生红外线探测器、现代夜视仪等很多高科技设备被研发出来。

长颈鹿 能控制血流量的肌肉与皮肤

长颈鹿是世界上现存个子最高的陆生哺乳动物，通常能长到 4 米以上，而它们的脖子通常在 2 米以上，“长颈鹿”这个名字就来源于此。为了能将血液通过长脖子输送到大脑，长颈鹿的血压比人类高出两倍，心跳能达到每分钟 150 次，但令人惊奇的是，长颈鹿却没有人类的高血压、脑出血等疾病。这是为什么呢？

高血压？脑出血？这跟我们长颈鹿家族可没关系。

科学家研究发现，这其实与长颈鹿的身体结构有关。长颈鹿血管周围的肌肉非常发达，可以压缩血管以控制血流量。同时，长颈鹿的皮肤也起到了重要作用，全身的皮肤和筋膜厚而紧，限制了血液的聚集，且有利于腿部的血液向上回流。

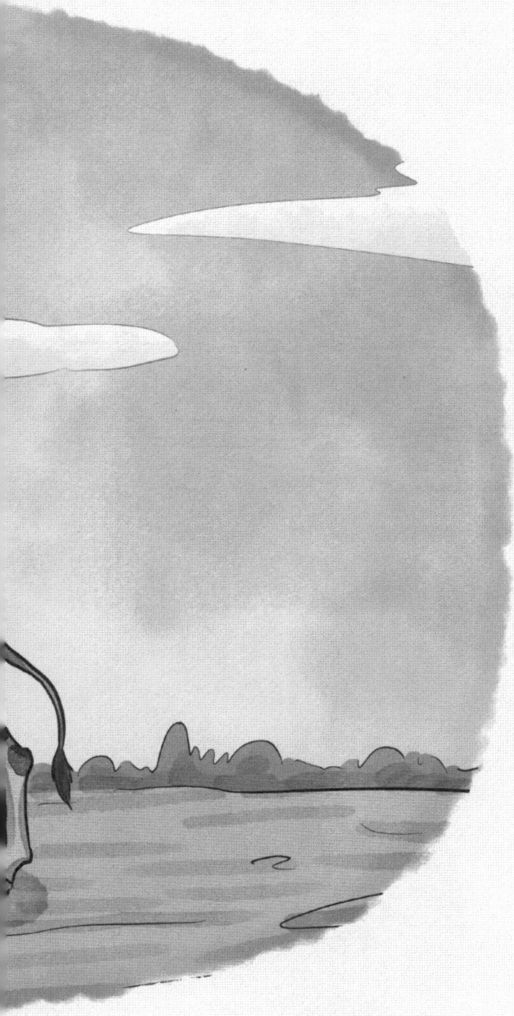

科学家由此受到启发，为飞行员和宇航员量身定做了“抗荷服”。抗荷服内有充气装置，随着飞行速度的提高，气泵会向气囊中充入一定量的气体，从而对血管产生一定的压力而限制血液流动，使飞行员在气压变化的情况下维持血压正常。充气式抗荷服后来又演变为更加先进的充液式抗荷服。

知识卡包

苍蝇为什么喜欢“搓手”？

如果我们仔细观察，会发现苍蝇总爱将两条腿凑在一起，好像在“搓手”。这是因为如果苍蝇腿上沾满食物残渣，会影响它们的飞行；而且苍蝇的味觉和触觉感受器位于腿部，经常“搓手”能提升分辨食物味道的准确率。

此外，在繁殖季节，雌性苍蝇会通过“搓手”来释放自己的信息素，吸引雄性前来交配。因此在苍蝇界，越会“搓手”的苍蝇越迷人。

吃货的本质是怕饿死？

蜂鸟白天会采食数百朵花，每天吸食的花蜜比它们自身的体重还多，简直是个大吃货！但蜂鸟疯狂进食，并不是因为贪吃，而是不吃就可能会饿死！蜂鸟的新陈代谢率很快，不管吃多少食物都会很快消化，在夜里或不容易获取食物的季节，蜂鸟会进入一种像冬眠一样的蛰伏状态，以降低新陈代谢的速度。

为什么响尾蛇的尾巴会“嘎嘎”作响？

响尾蛇尾巴末端的一排响环是蜕皮后的残存物。由于皮肤角质化，响环的内部是空腔，当响尾蛇不断摆动尾巴时，空腔内的气流就会来回振荡而发出响声。刚出生的响尾蛇只有一个响环，因此并不会发出声音，随着一次次蜕皮，响尾蛇的响环就会增加，能够发出的声音也就越大，同时表示响尾蛇的年纪越来越大。

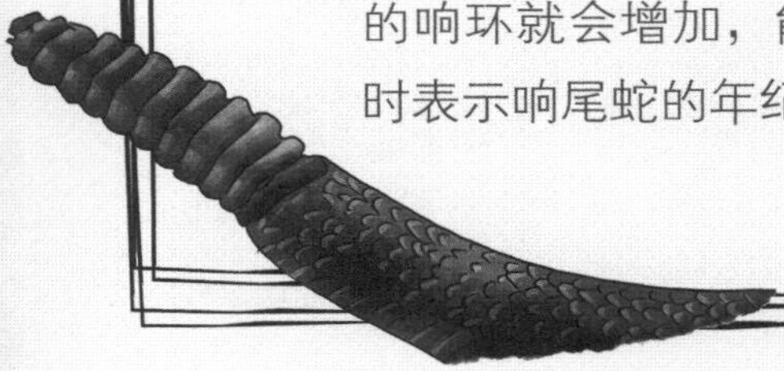

腿长也有大烦恼

长颈鹿不仅拥有长长的脖子，还拥有令人羡慕的大长腿。但对于长颈鹿来说，腿长也有大烦恼。长颈鹿喝水的时候需要使劲儿把前腿向两侧伸开，然后才能俯身喝水，实在是太费劲儿了。为了避免多次喝水，长颈鹿培养出了耐渴的本领，每天只需要喝一次水就够了。

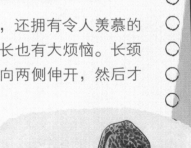

趣味充值

猜一猜

天生脖子长，
身穿花斑衣。
想吃嫩叶子，
不用费力气。

（打一动物）

连一连

长颈鹿	鸟纲
苍蝇	哺乳纲
蜂鸟	爬行纲
响尾蛇	昆虫纲

答案 猜一猜：长颈鹿

连一连：长颈鹿连哺乳纲，苍蝇连昆虫纲，蜂鸟连鸟纲，响尾蛇连爬行纲